ÉTUDES

SUR LES

VÉGÉTAUX FOSSILES

DE CERDAGNE

PAR

Louis RÉROLLE

LICENCIÉ ÈS SCIENCES NATURELLES,
PROFESSEUR A LA SOCIÉTÉ D'ENSEIGNEMENT PROFESSIONNEL DU RHÔNE.

(Extrait de la *Revue des Sciences Naturelles*.)
(Septembre 1884.)

MONTPELLIER
TYPOGRAPHIE ET LITHOGRAPHIE BOEHM ET FILS
ÉDITEURS DU MONTPELLIER MÉDICAL, DE LA REVUE DES SCIENCES NATURELLES,
IMPRIMEURS DE LA GAZETTE HEBDOMADAIRE DES SCIENCES MÉDICALES
1884.

ÉTUDES

SUR LES

VÉGÉTAUX FOSSILES DE CERDAGNE

On donne le nom de Cerdagne à un petit territoire situé dans la partie orientale et sur le versant méridional des Pyrénées. C'est un ancien bassin lacustre, aujourd'hui transformé en plaine fertile, et que de hautes montagnes isolent des régions voisines. La plaine a 1,100 mètres d'altitude moyenne, les sommets les plus élevés de l'enceinte dépassent 2,900 mètres. Les eaux vont toutes se réunir au centre du bassin pour former le Sègre, rivière qui se fraye au S. une pénible issue jusqu'à l'Èbre. Politiquement, la Cerdagne est divisée d'une façon très irrégulière en deux parts, l'une espagnole et l'autre française.

Ce pays a peu attiré jusqu'ici l'attention des hommes de science. Ainsi, tandis que les régions voisines, Catalogne et Roussillon, suscitaient des travaux géologiques ou paléontologiques approfondis, notamment ceux de MM. Vézian, L.-M. Vidal, L. Carez, Fontannes, on peut dire que l'étude de la haute vallée du Sègre restait simplement effleurée. Dès 1834, Lyell y signale en deux mots une formation et des coquilles d'eau douce. Plus tard, Durocher, Noblemaire, M. Ch. Martins, divers auteurs perpignannais, font incidemment quelques observations de détail.

Dans le respectable ouvrage de L. Companyo sur les *Pyrénées Orientales*, la Cerdagne est l'objet de notes éparses, précieuses sans doute, mais bien incomplètes. Leymerie est le seul auteur qui ait vraiment posé les bases d'une description géologique de la région ; encore n'a-t-il publié qu'une simple note, résultat d'une excursion rapide, et a-t-il ignoré des faits importants [1].

---

[1] *Récit d'une excursion géologique dans la vallée du Sègre*, dans *Bull. Soc. géol. de France*, 2e série, tom. XXVI, 1869. — M. Pierre Vidal, bibliothécaire de

Ayant eu l'occasion de séjourner à plusieurs reprises dans ce pays de Cerdagne, relativement délaissé, et pourtant si digne d'intérêt par la beauté de ses paysages, ses richesses naturelles et même artistiques [1], je me propose dans le présent travail d'étudier une série d'empreintes végétales que j'ai eu la bonne fortune d'y recueillir. Je suis d'autant plus engagé à publier ces recherches que jusqu'ici l'Espagne et les Pyrénées n'ont fourni aucun document relatif à l'état de la végétation pendant la seconde moitié des temps tertiaires, époque à laquelle appartiennent les empreintes dont je parle.

La paléophytologie est sans doute une des branches les plus jeunes des sciences naturelles. En raison de l'état et de la nature des matériaux dont elle dispose, cette étude est, plus encore que ses devancières, condamnée à un calcul de probabilités perpétuel ; elle ne s'avance qu'en tâtonnant. Les espèces végétales fossiles sont sujettes à revision et ont été parfois trop multipliées. Mais où irait-on si, dans les sciences de ce genre, on avait la prétention de ne marcher jamais que sur un sol ferme ? Pour ma part, un examen attentif des plantes vivantes m'incline à croire que la feuille, organe plus exposé que d'autres aux influences extérieures, tout en variant plus ou moins dans les limites d'une même espèce, permet presque toujours de dégager de ces variations un type moyen susceptible de servir de base à une détermination, tantôt solide, tantôt au moins plausible. Lorsqu'on possède à l'état fossile beaucoup de feuilles semblables entre elles ou graduellement enchaînées, ou des feuilles et des fruits, je crois qu'on doit arriver, dans la grande majorité des cas, à des résultats sérieux ; si l'on est en présence de feuilles isolées, comme il demeure plus probable qu'on a sous les yeux le type et non l'exception, il pourra être utile encore de se prononcer, mais alors avec réserve. Dans les recherches qui suivent, je

---

la ville de Perpignan, a résumé ce Mémoire dans le journal l'*Éclaireur* (novembre-décembre 1881), en y joignant quelques bonnes observations personnelles.

[1] Voir les notes de l'auteur insérées dans l'*Annuaire du Club alpin français*, 1880, et dans les *Bull. de la Soc. de Géographie de Toulouse*, 1882.

me suis efforcé d'éviter toute exagération, ne voulant, si possible, ni être trop circonspect, ni construire à la légère.

La description raisonnée des végétaux fossiles de Cerdagne forme la partie principale de ce Mémoire. J'ai cru devoir la faire précéder d'un aperçu très sommaire sur la constitution géologique du pays, et spécialement sur la nature et les gisements des couches à empreintes. D'autre part, j'essayerai, en terminant, de comparer mon ancienne flore à d'autres associations végétales, fossiles ou actuelles, et de préciser les conditions d'âge et de climat qui ont dû présider à son développement.

Je suis heureux de remercier ici M. le marquis de Saporta, qui a bien voulu m'initier aux études de paléontologie végétale, mettre à ma disposition des documents précieux et faire, ainsi que M. le professeur Marion, de la Faculté de Marseille, un excellent accueil à ces recherches. On me permettra également de témoigner la plus affectueuse reconnaissance à mon frère, M. Léon Rérolle, lieutenant de vaisseau, qui m'a accompagné dans quelques-uns de mes voyages en Cerdagne et s'est chargé d'un délicat et patient travail, l'exécution de tous les dessins de plantes fossiles ci-joints.

I. — INTRODUCTION GÉOLOGIQUE.

Les montagnes qui entourent le bassin de Cerdagne peuvent se répartir en quatre groupes. Au N. et N.-E., le massif de Carlitte, vaste plateau parsemé de lagunes, hérissé de pics croulants, attire l'attention par son épaisseur, son altitude, l'importance de son rôle hydrographique et climatérique. Au N.-O., du côté de l'Andorre, se dressent des cimes très âpres, dont je désignerai l'ensemble un peu confus sous le nom de groupe de Campcardos. Au S., la Cerdagne est séparée de diverses vallées catalanes, d'abord par l'arête massive des Puigmals, puis par une chaîne d'aspect et de composition moins uniformes, la Sierra de Cadi. Le haut rempart ainsi constitué autour de l'ancienne région lacustre présente trois dépressions principales : les cols de Puymaurens, de la Perche et de Tosas (1900-1600^m), et une brèche profonde, mais étroite, celle par laquelle s'échappe le Sègre vers le village de Martinet ; ce sont autant de portes ouvertes sur Toulouse, Perpignan, Barcelone et Lérida.

Ainsi délimité, le bassin de Cerdagne se fractionne en deux sect'ons inégales : la Cerdagne proprement dite et le pays de Bellver. Cinq ou six collines, détachées des premières pentes de la Sierra de Cadi en aval de Prats, laissant d'ailleurs entre elles des dépressions peu élevées, séparent ces deux districts ; le Sègre s'ouvre un passage sur la droite, au défilé d'Isobol. La Cerdagne proprement dite, ou bassin de Puigcerda, a la forme d'un ovale allongé, d'environ 19 kilom. sur 6, le grand diamètre étant orienté N.-E., S.-O. Elle s'adosse au N.-E. au plateau de Montlouis, dépendance des montagnes de Carlitte, et présente une surface assez accidentée en amont (partie française), de plus en plus plane et régulière en aval, à mesure qu'on pénètre en Espagne. Le petit pays de Bellver, plus resserré et tourmenté, orienté E.-O., forme transition entre la plaine de Cerdagne, bassin d'alimentation du Sègre, et l'étroite vallée que doit parcourir ensuite cette rivière [1].

Le pays dont je viens de rappeler les limites et la configuration générale possède une constitution géologique assez simple. Le sol de son enceinte montagneuse est composé de granites et de schistes et calcaires paléozoïques ; ces roches anciennes ont fourni les matériaux de formations beaucoup plus récentes, qu'elles supportent directement et qui ont comblé l'ancien lac, édifiant à partir de la seconde moitié des temps tertiaires la plaine centrale et ses abords immédiats.

Le granite se rencontre surtout au N. et à l'E., aux abords des montagnes de Carlitte et de Campcardos, sur les territoires d'Eyne, d'Odello, des Escaldes, dans la vallée de Carol ; il repa-

---

[1] Le Sègre naît de trois branches : la Regur ou rivière d'Augoustrine, l'Aravo ou rivière de Carol, et le Sègre proprement dit, grossi lui-même des rivières d'Eyne, d'Err et de Lavanera. Les deux premiers de ces petits cours d'eau viennent du massif de Carlitte, les autres de la chaîne des Puigmals.

raît à l'extrémité du bassin de Bellver, vers Martinet. En général, les grains sont de grosseur moyenne, le feldspath abonde, les nodules micacés volumineux ne sont pas rares. Tantôt la roche s'émiette aisément en arènes jaunâtres (col de la Perche), tantôt elle conserve des surfaces vives et résiste aux agents d'altération (vallée de Carol). Sur quelques points, il y a passage au gneiss ; une mention spéciale doit être réservée à la roche qui attire l'attention au débouché de la vallée de Llo, roche qu'on a qualifiée, un peu à la légère, de granite ou d'hyalomicte, et qui est plutôt un gneiss très quartzeux, avec noyaux de feldspath. Je mentionnerai aussi quelques diorites et, non loin d'Eyne, une roche à grands éléments et à mica blanc, sorte de pegmatite tout à fait distincte du granite ordinaire [1].

Les terrains paléozoïques occupent, au pourtour du bassin de Cerdagne, une surface beaucoup plus étendue. Ils se laissent facilement diviser en deux systèmes : l'un, inférieur, probablement silurien et composé surtout de schistes argileux ; l'autre, supérieur, dont l'âge est dificile à préciser exactement et où domine l'élément calcaire.

Le premier de ces terrains forme à lui seul toute la chaîne des Puigmals ; il pénètre aussi, par places, dans les régions élevées de Puymaurens et de Carlitte. Plus bas, il se développe largement autour de la Cerdagne proprement dite, constituant une série de collines (Belloch, Llivia, etc.) adossées au granite dans la région du N.-E., et partout intermédiaires à la haute montagne et à la plaine. On doit remarquer, parmi les schistes qui le composent essentiellement, quelques variétés distinctes. Dans les environs de Llo et d'Eyne, au voisinage du gneiss ou du granite, ces ro-

---

[1] Des veines de quartz compact sillonnent fréquemment les granites, ainsi que les schistes siluriens, et s'accompagnent parfois de galène, de pyrites de fer ou de cuivre. Les filons cuprifères d'Ambret, sur les confins du bassin de Bellver, dans la vallée de la Llosa, paraissent être les plus importants. Près du contact des schistes et des granites, sur toute la lisière nord et est du grand bassin, jaillissent des eaux sulfureuses (Escaldes, Llo, Llivia, etc.) et ferrugineuses (Err, Porté Llivia, etc.).

ches, passant aux micaschistes, sont très luisantes, abondamment pénétrées d'un mica blanc ou bronzé en fines paillettes ; il est probable qu'elles ont subi des pressions énergiques et une action métamorphique très intense. En général, les schistes sont simplement argileux, non micacés, tantôt de couleur vive, durs, ferrugineux et parfois mouchetés de concentrations noduleuses plus foncées (Llivia, Ur, Carol, etc.); tantôt plus ternes et terreux, ou d'un bleu cendré et aptes à fournir de bonnes ardoises (Volvir, Vallcébollère). Ailleurs (district de Vedrinyans), ils deviennent friables, très pyriteux et tout imprégnés de matières charbonneuses; il y a quelques traces d'anthracite. Contrairement à l'assertion de Leymerie, des calcaires blancs ou bleuâtres, grenus, cristallins, parfois légèrement feuilletés et micacés, s'intercalent entre les divers schistes, sur plusieurs points des vallées de Llo, d'Eyne et de la Lavanera.

L'enceinte du bassin principal en aval des villages d'Alp et d'Isobol, les collines de Prats et celles qui entourent le bassin de Bellver appartiennent à une formation distincte de la précédente, dévonienne, ou peut-être carbonifère inférieure[1]. Ce terrain comprend des calcaires exploités à Isobol, et offrant les caractères du marbre griotte pyrénéen, puis des poudingues et des schistes ; il se fait remarquer en général par des colorations vives.

Les assises, plus récentes, qui reposent, dans toute la partie centrale du pays cerdan, sur les schistes et calcaires anciens, sont au nombre de trois. Je distinguerai, avec Leymerie :

1º Une assise lacustre inférieure ;

2º Une assise lacustre supérieure ;

3º Des dépôts de transport superficiels.

Dans tout le bassin de Cerdagne, partout où des ravins, des tranchées, des galeries de mines entament assez profondément les

---

[1] Les découvertes de M. Ch. Barrois sur des terrains analogues dans les Asturies induisent divers géologues à rattacher maintenant au carbonifère inférieur les griottes des Pyrénées ; un géologue espagnol des plus distingués, M. L.-M. Vidal, à la parfaite obligeance duquel j'ai eu quelquefois recours, m'informe qu'il adopte cette manière de voir pour les calcaires d'Isobol.

matériaux superficiels, on découvre des argiles diversement colorées, souvent compactes et assez pures, ailleurs plus sableuses, avec des indices de matières végétales carbonisées ; plus bas encore, ou sur certains points privilégiés, des couches de lignites alternent avec les argiles. Dans le bassin de Bellver, ce dépôt affleure par places ou, du moins, devient d'un accès plus facile. Son origine lacustre ne saurait faire doute, et on peut le subdiviser en deux parties: l'une, inférieure, où dominent les argiles grasses et les lignites ; l'autre, supérieure, composée d'argiles plus aréneuses, interrompues même çà et là par des traînées de sable micacé, à demi consolidé en grès, dont la présence indique des courants venus de la région granitique. L'ensemble forme l'assise lacustre inférieure, supposée pliocène depuis longtemps, mais un peu vaguement et sans preuves. Je m'efforçerai plus bas d'élucider la question, dans la mesure du possible, à l'aide des données paléophytiques, car c'est précisément la partie supérieure de cette assise qui renferme les empreintes végétales auxquelles est consacré ce travail.

Tandis que les terrains anciens et les dépôts sus-jacents se sont malheureusement montrés jusqu'ici dépourvus de tout fossile déterminable[1], la vie animale et végétale a laissé des traces nombreuses de son existence lors du dépôt des fins sédiments dont je parle. J'ai recueilli dans les mines d'Estavar et de Prats des débris de mollusques et de mammifères ; ce sont des limnées, des planorbes, des opercules de bythinies, quelques dents et extrémités osseuses d'un grand *Felis*, une molaire inférieure d'équidé indiquant plutôt un hipparion qu'un cheval ; mais ces fragments et quelques autres sont trop incomplets ou mal conservés pour que leur étude puisse conduire à des conclusions décisives. Les plantes forment un ensemble plus important de beaucoup, soit par le nombre des espèces, soit par l'état de préservation des empreintes.

Presque directement au sud de Bellver, à 2 kilom. à peine de

---

[1] M. L.-M. Vidal me signale, dans les calcaires d'Isobol, quelques goniatites en mauvais état.

la petite ville, des torrents ont entamé le sol de la plaine sur des
profondeurs de 2 à 4 mètres. Sous la terre végétale affleure immédiatement ici l'assise lacustre inférieure. C'est un limon argileux d'un gris clair ou d'un blanc jaunâtre, avec quelques veines
et nodules plus rouges ; la pâte en est très fine et homogène.
Traitée par un acide, cette roche fait en général une faible effer-
vescence ; elle se taille sans peine au couteau. Les empreintes y
sont dispersées sans ordre sur les joints, les innombrables plans
de fendillement ; souvent, le parenchyme des feuilles s'étant conservé, sa teinte grise noirâtre tranche vivement sur la couleur
plus pâle de la roche. Tantôt ce parenchyme se détache et tombe
en poussière au moindre frottement ; tantôt, et c'est le cas le plus
fréquent, il a contracté avec l'argile une adhérence suffisante pour
résister indéfiniment aux causes d'altérations les plus usuelles.
Les plus minimes détails de la nervation, en creux ou en relief
suivant la face de la feuille qui a été moulée par la vase lacustre,
sont dans beaucoup de cas tout à fait appréciables.

Dans la partie méridionale de la Cerdagne proprement dite, à
peu de distance de la rive gauche du Sègre, se trouve un autre
gisement, aujourd'hui, il est vrai, peu accessible, par suite de
l'effondrement des galeries de mines qui l'avaient découvert. Il
est situé près du village de Sanavastre. Le cailloutis quaternaire
forme ici une épaisse nappe superficielle. L'argile sous-jacente,
qui recouvre elle-même le lignite, est d'un gris bleuâtre, assez
grasse, d'une grande finesse. Les empreintes s'y pressent, très délicates, mais dans un désordre extrême ; les débris flottants devaient en effet s'accumuler sur ce point, un des plus profonds et
des plus tranquilles du lac. Il en résulte une certaine confusion
peu favorable à l'étude ; et, en outre, les difficultés de l'extraction
ou l'état d'humidité de la roche ont nui à sa bonne conservation
ultérieure ; le gisement, plus riche peut-être que celui de Bellver,
ne m'a fourni qu'un petit nombre de matériaux utiles.

Voici, d'après les analyses qu'a bien voulu faire M. P. Prudent, la composition moyenne des limons argileux ou argilo-
sableux les plus riches en empreintes :

	Bellver,	Sanavastre.
Eau et matières organiques.....	9.2	5.54
Silice.......................	50.1	55.2
Alumine.....................	16.8	24.9
Sesquioxyde de fer............	14.2	14.6
Carbonate de chaux...........	9.6	traces.
	100	100

Il faut noter que ces analyses ont porté de préférence sur des spécimens offrant quelques veines rougeâtres ; la proportion d'oxyde de fer est sensiblement moins forte dans les parties claires de la roche, traitées à part. M. Prudent a découvert au microscope l'existence de plusieurs espèces de diatomées. Ce fait, joint à l'aspect général, rapproche mes argiles cerdanes des *marnes à tripoli* de Ceyssac (Haute-Loire), qui ont offert également de belles empreintes végétales ; mais ici le calcaire est trop peu abondant pour qu'on puisse employer la qualification de marne.

Bellver et Sanavastre ne sont pas les seuls points où l'on trouve des empreintes. Partout, dans le bassin de Bellver, le travail d'affouillement des torrents qui courent du S. au N., perpendiculairement à la direction du Ségre et à l'orientation de la plaine, met à découvert, sur une hauteur plus ou moins grande, les vases lacustres ; partout elles contiennent des traces de végétaux, mais il est rare que celles-ci soient déterminables. Sur la limite du bassin de Bellver et de la grande Cerdagne, entre Valltarga et Prats, dans les mines de Prats, puis en amont de cette région jusque vers les villages d'Urch et de Caxanes, j'ai rencontré çà et là quelques belles feuilles ; dans le reste du pays, et notamment dans la partie française, l'état de conservation de ces vestiges devient tout à fait insuffisant.

La position stratigraphique des argiles à empreintes végétales est parfaitement nette. En remontant quelque peu chacun des ravins où elles affleurent, on les voit se perdre sous les couches plus aréneuses, plus grossières, parfois vivement colorées, de l'assise lacustre supérieure. D'autre part, il est évident qu'en creusant on trouverait au-dessous d'elles le lignite et, à Sanavas-

tre, à Prats, à Santa-Eugenia, où des tentatives d'exploitation
ont été faites, il est aisé de voir qu'elles le recouvrent. J'ajouterai que les espèces que j'ai pu constater à Sanavastre ou dans
quelques localités plus pauvres, se retrouvent toutes à Bellver,
sauf une seule peut-être, la belle fougère par laquelle j'aborderai
la description de cette flore. Les autres, notamment les érables,
qui forment eux-mêmes un groupe de plusieurs espèces, les aulnes et les hêtres, diverses plantes aquatiques, se rencontrent de
part et d'autre, et l'on peut voir dans ce fait une nouvelle preuve
de la contemporanéité des divers gisements. Il n'y a bien là qu'un
seul et même dépôt, formant la partie supérieure de l'assise
lacustre profonde.

Ce dépôt, de même que ceux qui l'ont précédé et suivi immédiatement, n'a été que très peu dérangé de sa position première.
Lorsqu'il s'est effectué, les grands mouvements orographiques
qui ont donné aux Pyrénées leur relief actuel étaient accomplis ;
l'altitude de la Cerdagne, à l'époque où vivaient les plantes fossiles que je vais décrire, devait être sensiblement la même qu'aujourd'hui. Les assises lacustres cependant ne sont pas tout à fait
horizontales. Leymerie estimait qu'elles se relèvent uniformément du centre vers les bords du bassin. A la suite de nombreuses observations, j'admettrai qu'elles plongent plutôt au S.-S.-O.
dans le grand bassin, au S.-S.-E. dans celui de Bellver ; l'inclinaison m'a paru être de 14° au plus dans la mine d'Estavar
et plus faible vers Prats ou Sanavastre. Sans doute, de lents mouvements d'exhaussement, survenus à la fois du côté de Carlitte
ou de Montlouis et dans les montagnes qui dominent au N.-O. le
pays de Bellver, ont déterminé ces légères inclinaisons, morcelé
quelque peu les couches argileuses et facilité l'écoulement du
lac en achevant la fracture d'Isobol et de Martinet, par laquelle
les eaux se frayèrent dès lors une issue plus large.

Les lignites et les argiles à plantes ne paraissent pas être les
seuls dépôts formés à l'époque du lac de Cerdagne. Dès qu'on
pénètre dans le pays, on remarque de grands escarpements, cir-
ques aux innombrables gradins, tout sculptés par les eaux tor-

rentielles et colorés de teintes vives, rouges ou jaunes : c'est l'argilolithe rutilante de Leymerie, principal faciès de son assise lacustre supérieure. Ces massifs si puissants par places et qui attirent fortement l'attention, notamment au-dessus de Saillagouse, d'Osseja et d'Alles, forment au pourtour du grand bassin lacustre une ceinture incomplète, adossée aux schistes de transition. Ils sont composés d'une pâte argileuse grossière, remplie de fragments de schiste ou de graviers quartzeux. On retrouve ce terrain sur le versant méridional du bassin de Bellver, adossé aux premiers contreforts de la Sierra de Cadi ; il y est bien développé, affecte une situation tout à fait semblable, mais devient en général plus sableux et plus pâle.

L'argilolithe et les sables dont je viens de parler sont les restes d'une puissante formation qui a dû débuter dès l'époque lacustre et recouvrir uniformément les argiles à plantes ; plus tard, des dénudations énergiques, le travail d'érosion des eaux torrentielles, l'ont balayée en grande partie, respectant seulement les massifs appuyés aux montagnes d'enceinte et quelques lambeaux isolés, par exemple au Montarros, singulière éminence sableuse qui se dresse au milieu de la plaine de Bellver. Bien que les lignes de stratification soient souvent peu visibles, on peut admettre que ces dépôts participent à l'inclinaison des couches sous-jacentes. Quant à leur âge et à leur origine, l'absence de fossiles les rend difficiles à apprécier avec certitude ; cependant tout porte à croire qu'il s'agit de terrains pliocènes, plutôt pliocènes supérieurs, et qu'ils sont d'origine moins exclusivement lacustre que ceux sur lesquels ils reposent. L'action des eaux courantes y est accusée assez vivement, non seulement par la composition de l'ensemble, mais par des traînées de graviers et de matériaux grossiers ; il faut aussi faire une part aux décompositions opérées sur place sous l'influence des agents atmosphériques, décompositions qui s'effectuent de nos jours encore sur certaines hauteurs, aux dépens des schistes et en produisant des résultats tout à fait analogues.

Au-dessus des assises précédentes s'est répandu de toute part un terrain de transport quartornaire et moderne, formé de gros matériaux schisteux ou granitiques, plus épais vers le bas du grand bassin de Cerdagne (7-8 mèt.), presque nul au contraire dans le bassin de Bellver. Il couronne par lambeaux les hauts massifs d'argilolithe et recouvre immédiatement les argiles inférieures à Estavar, à Sanavastre, dans la plus grande partie de la plaine. Les eaux courantes ont été certainement le principal agent de transport de ce dépôt. Toutefois, l'action des glaciers, mise en doute par Leymerie et signalée en partie par M. Ch. Martins, me semble incontestable en certains points, tels que la vallée de Carol, aux belles roches moutonnées, et la longue butte arquée à l'extrémité de laquelle s'élève Puigcerda, au débouché de la même vallée ; la forme et la situation de cette butte, l'aspect de ses matériaux, irréguliers, anguleux, peu ou pas stratifiés, indiquent bien une moraine frontale. Sur d'autres points, il serait téméraire de se prononcer; des roches granitiques, très probablement décomposées sur place, prennent volontiers un faux aspect morainique.

Les dépôts alluviaux, plus rarement glaciaires, qui recouvrent d'une nappe plus ou moins épaisse la majeure partie des assises lacustres, terminent la série des terrains de Cerdagne. On le voit, cette série est peu complexe. Entre les derniers calcaires paléo·zoïques et les couches lignitifères les plus profondes, qui appartiennent à un horizon tertiaire sans doute assez récent, il existe une lacune considérable ; de grandes périodes, celles précisément qui ont vu s'accomplir les principaux faits de l'histoire géologique des Pyrénées, ne sont pas représentées dans cette région. En raison de ce fait et de l'absence de fossiles dans plusieurs terrains, la Cerdagne offre peut-être moins d'intérêt, à certains égards, que plusieurs contrées voisines. En revanche, la faune et la flore de son assise lacustre inférieure méritent d'attirer l'attention, et j'espère, dès maintenant, pouvoir donner de la seconde un aperçu suffisamment complet.

II. — DESCRIPTION RAISONNÉE DES ESPÈCES.

CRYPTOGAMES.

FOUGÈRES.

I. OSMUNDA STROZII, GAUD.

(Pl. III, *fig.* 1.)

Diagnose. — O. fronde bipinnatâ rigidâ, pinnulis sessilibus magnis, oblongis, è basi rotundatâ sensim attenuatis, apice obtusiusculis, subtilissimè crenulatis, nervis secundariis dichotomis.

Commune à Sanavastre ; nulle à Bellver.

Je rapporte à cette espèce de très beaux fragments de frondes de fougères qui se trouvaient, en grand nombre, mêlés surtout à des feuilles d'érables, à des fruits de mâcres, à des tiges de roseaux ou de cypéracées dans le gisement de Sanavastre. La plupart de ces fragments dénotent de fortes dimensions ; les pennules ont parfois plus de 5 centim. de long sur 15 millim. de large à la base. Il m'a été impossible d'extraire des mines, moins bien disposées pour cette opération que les ravins des environs de Bellver, une penne entière permettant de juger de ses dimensions totales et de l'aspect de sa pennule terminale ; mais, malgré cette lacune, l'attribution au g. *Osmunda* ne saurait faire doute.

Les pennules sont libres et assez espacées, d'un contour général ovale-oblong, arrondies à la base ; elles diminuent graduellement de largeur de la base au sommet et celui-ci forme une pointe un peu émoussée. Le bord laisse voir çà et là, à la loupe, de très fines crénelures. Les nervures secondaires se partagent, dès leur origine, en deux branches bifurquées elles-mêmes et dont les divisions atteignent le bord ; elles sont fines et nombreuses. Comparée aux quelques formes du même genre qui ont vécu dans l'Europe tertiaire, l'osmonde de Cerdagne doit se ranger dans la section *Euosmunda* et être assimilée de

préférence à l'*O. Strozii* Gaud [1]. Il y avait peut-être quelque
chose de plus rigide dans son aspect et les pennules n'étaient
pas aussi constamment alternes sur le rachis de la penne que
dans cette fougère pliocène du Val d'Arno ; mais les proportions et tous les caractères importants ne diffèrent en rien.

L'*O. Strozii* vivait à une époque analogue, sous une même latitude ; elle me paraît se confondre avec l'*O. schemnitziensis*
Petko, figurée par D. Stur, d'après des spécimens très incomplets [2], et différer à peine d'une forme plus connue et un peu
plus ancienne, l'*O. Heerii* Gaud. [3], dont les pennules seraient
moins longues et moins larges. Les différences entre ces formes
disparues et l'*O. regalis* L., qui vit encore dans toute l'Europe,
depuis la Suède jusqu'en Portugal et en Sicile, sont elles-mêmes
des plus minimes. Les pennules de l'*O. regalis* sont plus allongées, moins larges ; leur base est pourvue d'un aileron arrondi,
quelquefois de deux, à son côté inférieur. J'ai très bien constaté
ces légères divergences en comparant mes empreintes fossiles à
plusieurs beaux spécimens de l'espèce vivante provenant des
environs d'Autun ; les pennules de ceux-ci ont une largeur presque uniforme de la base au sommet, largeur qui n'excède pas
10 millim. pour une longueur de 5 centim.

Le type de osmondes proprement dites (section *Euosmunda*
Presl.) a donc été très répandu en Europe et y a peu varié depuis le milieu des temps tertiaires jusqu'à nos jours. Cette conclusion n'est pas nouvelle ; mais la découverte d'une osmonde
sensiblement identique à l'*O. Strozii* et croissant, selon toute
apparence, avec profusion et vigueur, sur les bords d'un ancien
lac pyrénéen, contribue de tout point à l'affermir. Les fougères
de ce genre affectionnent les terrains marécageux et tourbeux

---

[1] Voir Gaudin et Strozzi ; *Contributions à la flore fossile italienne* (20e vol. des
Mémoires de la Soc. helvétique des Sc. naturelles, 1862), pl. I, *fig.* 1-3.

[2] Voir D. Stur ; *Beiträge zur Kenntniss der Flora der Süsswasserquarze der
Congerien und Cerithien Schichten*, etc., dans *Jahrbuch der Geol. Reichsanst.*
Wien, 1867, XVII Band.

[3] V. Heer ; *Flora tertiaria Helvetiæ*, III, Tab. CXLIII, *fig.* 1.

des forêts de montagne ; la présence d'une de leurs formes les plus vigoureuses à Sanavastre et son association avec des plantes aquatiques ne surprendront personne [1].

2. PTERIS RADOBOJANA, UNG.

(Pl. III, fig. 2.)

Diagnose. — P. fronde compositâ rigidâ, pinnis parvulis pinnatisectis, pinnulis oblongis, sessilibus, integerrimis, apice obtusiusculis, margine revolutis.

Très rare.

Une seconde espèce de fougère appartient au g. *Pteris* et a dû vivre dans les lieux secs, loin des rives lacustres, ou être beaucoup plus rare ; j'en ai recueilli un exemplaire unique, mais très bien conservé, quoique les nervures secondaires des lobes ou pennules n'y soient pas visibles. Cette petite mais élégante fougère me paraît offrir tous les caractères du *P. radobojana* Ung., tel que le décrit et figure Heer, d'après des échantillons un peu moins beaux [2]. Ce sont la même taille réduite, les mêmes lobes, plutôt alternes, égaux, oblongs, obtus au sommet et à bord tout à fait entier ; chacun d'eux présente une nervure médiane épaisse, bien accusée.

Il faut éliminer les autres *Pteris* de la flore miocène suisse, le *P. œningensis* Ung., à lobes acuminés ; le *P. urophylla* Ung., à lobes linéaires, allongés et distants, le *P. inæqualis* H., etc. [3].

---

[1] Je rappellerai que les deux autres sections du g. *Osmunda*, aujourd'hui exotiques, ont été jadis représentées dans l'Europe tertiaire, l'une à l'époque miocène, par l'*O. lignitum* St.; l'autre, au début des temps pliocènes, par l'*O. bilinica* Sap. et Mar. Cette dernière espèce, très distincte de l'*O. Strozii* par ses pennules soudées entre elles à la base et par son bord sinué-denté ou légèrement ondulé, vivait vers la même époque dans la région méditerranéenne, à Vacquières (Gard).

[2] Heer ; *Fl. Tert. Helv.*, I, pag. 40, pl. XII.

[3] Heer ; *Fl. Tert. Helv.*, I, pl. XII et III, pl. CXLIV.

GYMNOSPERMES.

ABIÉTINÉES.

1. ABIES SAPORTANA, Nova sp.

(Pl. III, fig. 3-4.)

Diagnose. — A. foliis linearibus rectis, longis, vix pedicella-
tis, obtusiusculis, nervo medio leniter prominulo ; seminum ala
magna, subquadrata, apice ditatata.

Assez rare.

L'existence du sapin, genre dont les restes fossiles ne sont pas
fréquents, est bien démontrée dans l'ancienne Cerdagne par un
fragment de rameau feuillé (fig. 3), un autre fragment couvert
de cicatrices foliaires, un certain nombre de feuilles isolées et
surtout des graines (fig. 4).

Ces empreintes étant d'ailleurs assez peu abondantes, il est
très probable que le sapin vivait à quelque distance du lac et sur
les hauteurs, comme le fait de nos jours le *Pinus uncinata*, ou
bien encore était disséminé par groupes isolés au milieu des forêts de hêtres et de chênes. Outre les graines qui se rapportent
à coup sûr au g. *Abies*, on en trouve d'autres, un peu moins
nombreuses, plus petites et à aile arrondie (fig. 5), indiquant un
pin ou un épica ; mais l'absence de rameaux ou de feuilles que
l'on puisse rapporter avec certitude à ces derniers genres oblige
à laisser leur détermination indécise.

Les feuilles de sapin, que l'on trouve toujours isolées ou qui,
sur le rameau figuré Pl. III, se montrent un peu éparses mais
nullement fasciculées, sont obtuses au sommet plutôt qu'aiguës,
et par là se rapprochent de celles des *A. grandis* (de Californie)
et *numidica* Lannoy. Dans les Cinérites du Cantal[1], on trouve
les vestiges d'un sapin que M. de Saporta classe, sous le nom de

---

[1] De Saporta ; *Sur quelques types de végétaux récemment observés à l'état
fossile.* (*Compt. rend. Acad. Scienc.*, XCIV, avril 1882.)

A. intermedia, entre ce dernier et l'*A. cephalonica* Link. Comparées à ses feuilles, celles de Cerdagne sont plus raides, étroites et linéaires, la longueur étant en moyenne la même, c'est-à-dire grande par rapport à celle des mêmes organes sur le sapin actuel d'Europe ; j'ai même lieu de croire que cette longueur a pu être très grande, si j'en juge d'après une empreinte isolée, longue de 4 centim., large de 2 millim. et demi, qui ne représente, selon toute apparence, que la partie supérieure d'une feuille et se trouve mutilée inférieurement. J'ajouterai que le sapin du Cantal a d'abord été presque identifié à l'*A. pinsapo* Boiss. et que M. Cosson ne distingue pas ce dernier de l'*A. numidica* ; ce sont là en tout cas des espèces très voisines. Il serait dès lors assez légitime de supposer que l'ancien sapin des Pyrénées a été la souche commune de l'espèce pliocène d'Auvergne et de l'*A. pinsapo*, aujourd'hui retiré dans les montagnes de la Sierra Nevada, au-dessus de Grenade ; sa situation géographique et l'époque à laquelle il vivait permettent de l'admettre [1].

Un sapin vivait aussi à l'époque pliocène à Ceyssac (Haute-Loire), mais jusqu'ici on n'a trouvé dans cette localité que des graines. Elles sont très analogues aux miennes, et je n'ai pu saisir, après l'examen comparatif de plusieurs spécimens, aucun caractère différentiel un peu constant. Pourtant M. de Saporta considère les graines de Ceyssac comme très voisines de celles de l'*A. cilicica* Carr., et cette dernière espèce a des feuilles échancrées bifides au sommet, s'éloignant à la fois des miennes et de celles des Cinérites pour se rapprocher plutôt de celles de l'*A. pectinata*, le sapin argenté indigène.

Je possède encore du sapin de Cerdagne un petit fragment sur lequel on voit des cicatrices foliaires très nettes ; ces marques sont arrondies et n'indiquent aucune décurrence des pétioles, ce qui confirmerait, s'il était nécessaire, l'attribution de mon espèce, non aux groupes des *Tsuga* ou des *Picea*, mais à

---

[1] Les feuilles de l'*A. pinsapo* sont toutefois courtes et assez distinctes de celles de mon espèce fossile.

celui des *Abies* proprement dits. Quant à la désignation spécifique, puisque les caractères combinés des feuilles et des graines
révèlent des affinités diverses, je suis conduit à en proposer une
nouvelle. Je dédierai cette espèce à M. le marquis de Saporta,
qui a tant de titres à un hommage de ce genre [1].

CUPRESSINÉES.

1. JUNIPERUS DRUPACEA, LABILL. (PLIOCENICA).

(Pl. III, fig. 6.)

Diagnose. — J. foliis ternatim verticillatis, lanceolatis, puu-
gentibus, dorso carinatis, latis, strictis, sessilibus, apice acutis.
Rare.

Les genévriers sont plus rares encore que les sapins à l'état
fossile ; aussi n'est-il pas sans intérêt d'en rencontrer un dans la
Cerdagne tertiaire. Son existence n'est attestée que par quelques
empreintes ; les deux meilleures conservent fidèlement les traits
d'une extrémité de rameau que l'on pourrait être tenté d'attribuer à un if, s'il n'était assez facile d'y reconnaître, au moins
sur quelques points, la disposition ternée des feuilles, caractéristique, on le sait, du g. *Juniperus.*

Ces feuilles ont dû être raides et piquantes, légèrement cana-

---

[1] J'ai trouvé en Cerdagne quelques restes d'un autre grand conifère. Comme
j'avais l'occasion de les montrer à M. le professeur Marion, ce dernier fut frappé
de leur parenté avec une espèce du tongrien d'Alais, qui l'intéressait spécialement,
et pour laquelle il se proposait d'établir une nouvelle coupe générique, intermédiaire entre les g. *Dammara* et *Aracauria* ; je lui ai dès lors confié mes empreintes. M. Marion attribue à son g. *Doliostrobus* les caractères suivants : Feuillage araucariforme, écailles des cônes et graines caduques. Le type principal serait
le *D. Sternbergii* Mar. (*Araucarites Sternbergii* Goepp., *Sequoia Sternbergii* Heer,
Araucaria Goepperii Gardn.). L'espèce pyrénéenne serait voisine, mais distincte
par ses rameaux plus denses, ses feuilles trigones un peu plus larges, ses écailles
fructifères trois fois plus grosses et dépourvues du grand mucron aigu caractéristique des mêmes organes chez le *D. Sternbergii.* Il pourra être fait ultérieure-
ment une description plus complète de cette espèce, qui est intéressante, comme
indiquant un lien entre la flore cerdane, celle de Sinigaglia (où se trouve le *D.
Sternbergii*) et d'autres flores antérieures.

liculées en dessus et carénées en dessous ; elles se font remarquer par leur largeur relative et leur forme régulièrement lancéolée. Elles me paraissent tout à fait analogues à celles du *J. drupacea* Labill., espèce arborescente aujourd'hui confinée dans les montagnes du Taurus, du Liban et de l'île de Crète. On pourrait aussi rapprocher mes feuilles fossiles de celles du *J. macrocarpa* Sibth., espèce arbustive voisine de la précédente, appartenant comme elle à la section *Oxycedrus* Spach, mais dont l'aire de dispersion est plus vaste et la station assez différente ; toutefois, par ses feuilles un peu moins larges, plus obtusément mucronées, épaissies au-dessus de la base, aussi bien que par ses aptitudes moins montagnardes ou plus méridionales, ce second genévrier est un peu plus distinct de celui de Bellver. Je ne pense pas qu'il y ait lieu de séparer ce dernier du *J. drupacea*, sinon à titre de simple variété et afin de rappeler l'âge géologique auquel il appartient.

MONOCOTYLÉDONES.

NAIADÉES.

1. POTAMOGETON ORBICULARE, Nova sp.

(Pl. III, fig. 7.)

Diagnose. — P. caule geniculato flexuoso, stipulis lanceolatis, foliis latè ovato-rotundatis, margine integerrimis, nervis lateralibus utroque latere circiter 8-10, convergentibus, alternatim validioribus tenuioribusque, nervulis transversis rete subtile plerumque rectangulum efformantibus.

Assez commun.

En différents points, mais plus spécialement dans un ravin qui s'ouvre sur la gauche de la route entre Prats et Valltarga, j'ai récolté de nombreuses empreintes d'un *Potamogeton* remarquable par l'ampleur et la forme presque orbiculaire de ses feuilles. Sans doute il trouvait là, près des rivages qui séparaient les deux lacs de Bellver et de la grande Cerdagne, des eaux de médiocre profondeur, où il pouvait s'implanter plus aisément qu'à Bellver même. Divers fragments de tige et quelques feuilles dont les moindres détails de nervation sont perceptibles, me permettent de donner une description assez complète de cette espèce.

La tige était large, articulée et flexueuse. De grandes stipules lancéolées, à base arrondie et amplexicaule, parcourues par des veines délicates, attirent l'attention vers la base des pétioles. Ceux-ci, nettement délimités à leurs deux bouts, ont presque la largeur de la tige et, au moins sur un spécimen, se renflent légèrement en vésicule sous la base du limbe, qu'ils pouvaient aider ainsi à maintenir flottant. Les feuilles ont un contour largement ovale, presque orbiculaire, avec base et sommet arrondis ; parfois cependant le sommet offre une petite pointe obtuse. Le bord est très entier et la consistance a dû être membraneuse. De chaque côté de la nervure médiane, 8-10 nervures, distantes entre elles de 1 à 2 centim., décrivent de la base au sommet des courbes régulières, parallèles aux bords ; ces nervures sont alternativement fortes et faibles. Des nervilles transversales très délicates vont de l'une à l'autre, un peu obliquement, se bifurquent parfois et forment un réseau à mailles plus ou moins rectangulaires. Les dimensions des plus grandes feuilles oscillent autour de 45 millim. de long sur 35 de large ; les stipules peuvent atteindre 25 millim. de long et les pétioles 20.

Dans la flore de Häring [1], M. d'Ettingshausen décrit et figure trois espèces, les *P. ovalifolius, acuminatus* et *speciosus*, à contour foliaire elliptique ou ovale acuminé et nervures toutes également fortes ; aucune de ces espèces n'est intimement alliée à la mienne. Il en est de même de celles qu'enregistre M. Heer dans la flore de Suisse [2] et de celle de Ceyssac, dont les feuilles sont linéaires. Parmi celles de ces herbes aquatiques qui peuplent encore nos étangs et nos rivières, le *P. perfoliatus* L. se distingue par une nervation assez différente, des feuilles sessiles et

---

[1] V. *Die tertiäre Flora von Häring in Tyrol.* Wien, 1853.
[2] V. *Flora Tert. Helv.*, vol. I et III.

échancrées en cœur à la base ; plus voisins seraient les *P. plantagineus* Ducr. et *lucens* L., à feuilles pétiolées ; mais dans le premier, dont le réseau nervillaire saillant affecte une disposition fort analogue à celle qu'on observe sur mes empreintes, les nervures faibles interposées entre les fortes font défaut, tandis que, chez le second, le réseau nervillaire est nul ou indistinct. Au total, c'est du *P. natans* L. que l'espèce éteinte de Cerdagne se rapproche le plus ; elle en diffère par plusieurs traits de détail et surtout par le contour plus orbiculaire de ses feuilles.

DICOTYLÉDONES.

BÉTULACÉES.

I. BETULA SPECIOSA, Nova sp.
(Pl. IV, fig. 1-3.)

Diagnose. — B. foliis longè petiolatis, è basi subtroncatâ ovato-rotundatis, gracile acuminatis, leniter duplicato-serratis ; nervis secundariis utrinque circiter 10, inferioribus extùs ramosis ; samararum nuculâ obovatâ, basim versùs angustatâ, alis valdè expansis.

Assez rare.

La présence d'un bouleau parmi les arbres qui composaient l'ancienne forêt de Bellver est attestée par des feuilles et des samares, en petit nombre, mais bien reconnaissables. Les feuilles sont relativement grandes et longuement pétiolées, largement ovales-arrondies, à base un peu tronquée et sommet prolongé en pointe plus ou moins effilée. La dentelure marginale qui manque à la base, comme chez les autres bouleaux, est aiguë, assez fine, et les dents principales dépassent peu les secondaires. Il n'y a rien de bien constant dans la disposition alterne ou opposée des nervures secondaires, mais on peut dire qu'elles forment toujours environ dix paires assez espacées et que les inférieures sont ramifiées sur leur côté extérieur. La consistance a dû être assez délicatement membraneuse. On peut admettre, comme dimensions moyennes, celles de la fig. 1 : longueur du limbe 76 millim., largeur maximum 48 millim., longueur du pétiole 20 millim.

On a décrit sous le nom de *B. dryadum* des feuilles de diverses provenances et dont l'attribution à une seule et même espèce ne semble nullement justifiée. C'est Brongniart qui employa le premier cette appellation, et il l'appliquait à des fruits de bouleau très répandus à Armissan ; dès lors, on doit la conserver aux feuilles découvertes plus tard dans la même localité par M. de Saporta, du moins à celles que cet auteur, avec beaucoup de vraisemblance, rapporte aux fruits précités. Ces feuilles, bien qu'elles remontent à une époque géologique notablement plus ancienne, me paraissent très voisines de celles de Bellver. De taille égale ou supérieure, les feuilles du *B. dryadum* Brongn. avaient pourtant un pétiole plus court, des dents marginales un peu plus inégales et fortes, un contour légèrement différent. M. de Saporta signale parmi elles deux formes qu'on serait tenté de séparer, ajoute-t-il, si des intermédiaires ne reliaient les extrêmes et si l'on n'observait fréquemment sur les bouleaux actuels des variations individuelles analogues : l'une de ces formes est elliptique, légèrement atténuée vers le bas ; l'autre est plus largement ovale et arrondie. C'est à cette dernière seulement que se rattachent mes empreintes ; mais, souvent plus larges et arrondies dans leurs deux tiers inférieurs, elles s'effilent ensuite par un mouvement rapide, quoique très doux, et les deux courbes inverses dessinées par chaque bord donnent à leur contour général quelque chose de plus élégant (fig. 1). La fig. 2 représente une feuille dont le contour se rapproche davantage de celui du *B. dryadum* [1].

---

[1] Dimensions de la feuille de *B. dryadum* figurée par M. de Saporta : longueur du limbe 85 millim., largeur maximum 44 millim., pétiole 10 millim. ; dimensions d'une belle feuille de même espèce appartenant au Muséum de Lyon : longueur du limbe 90 millim., largeur maximum 42 millim., pétiole 12 à 13 millim. En rapprochant ces chiffres de ceux qui concernent ma fig. 1, on voit qu'ici le pétiole est plus long, le limbe proportionnellement plus large dans ses deux tiers inférieurs.

V., pour le *B. dryadum* : De Saporta ; *Études sur vég. tert. du sud-est de la France*, II, pag. 248, pl. VI, *fig.* 5.

Deux autres bouleaux vivaient à Armissan, mais ils ont peu d'affinités avec celui de Cerdagne. Quant au *B. Brongniarti* Ett., qui habitait la région méditerranéenne à une époque déjà moins reculée, s'il se rattache au type du *B. dryadum*, c'est plutôt par les variétés elliptiques de celui-ci que par celles dont l'évolution aurait pu donner naissance au *B. speciosa*. Parmi les bouleaux pliocènes, le *B. insignis* Gaud. a des feuilles grandes, un peu cordiformes, fortement acuminées, pourvues de 10-13 paires de nervures ; les figures qu'on en donne ne sont pas sans rapport avec les miennes, mais m'ont paru en différer sensiblement par leur base inéquilatérale, leur dentelure plus irrégulière, leur largeur plus grande encore[1].

J'ai examiné un certain nombre de feuilles de bouleaux actuels, et parmi eux je noterai, comme pouvant être rapprochés de mon espèce fossile, les *B. lenta* Willd., de l'Amérique du Nord et du Japon, *carpinifolia* Sieb. et Zucch., du Japon, *cylindrostachia* Wall. et *Bhojpaltra* Wall., du versant sud de l'Himalaya. Les deux premiers m'ont offert parfois des feuilles qui, pour la forme, la taille, la nervation et le pétiole, ne différaient presque pas des empreintes pyrénéennes ; mais Regel attribue au *B. lenta* une base cordiforme, et la dentelure plus accentuée des bords caractérise le *B. carpinifolia*, qui n'en est d'ailleurs peut-être qu'une variété. Le *B. cylindrostachia* a un pétiole un peu court et gros en moyenne, et au total, c'est du *B. Bhojpaltra* que mes feuilles semblent se rapprocher le plus, notamment de la forme typique et commune de ce bel arbre indien, celle que Regel appelle var. *genuina*, par opposition à la var. *Jacquemontii* (*Betula Jacquemontii* Spach) ; les feuilles de ce dernier, à nervures parfois moins nombreuses, ont pourtant un pétiole long et un peu grêle. En tout cas, dans la nature vivante, c'est au groupe des bouleaux exotiques ci-dessus désignés qu'il faut s'adresser pour retrouver les caractères foliaires de l'ancien arbre

---

[1] Th. Gaudin ; *Contrib. à la fl. foss. italienne*, 2e Mémoire dans vol. XVII, de *Soc. Helv. des Sc. nat.*, pl. X, *fig.* 1-2.

cerdan ; notre *B. alba* indigène en diffère bien davantage par tout l'ensemble de ses traits.

Les samares de bouleau sont un peu plus rares que les feuilles dans les argiles de Bellver ; il semble pourtant que la légèreté de ces petits fruits aurait dû faciliter leur dispersion à la surface du lac et, par suite, leur ensevelissement dans les couches de dépôt. Les spécimens que j'ai recueillis ont de 3 à 4 millim. de largeur, une nucule obovale, atténuée en pointe à sa base, des ailes plus larges, arrondies en haut, parfois inégales ; la largeur de l'ensemble est grande par rapport à la hauteur, si l'on compare ces samares à celles d'autres espèces. Chez le *B. dryadum* Brong., la nucule est en moyenne un peu plus fusiforme-elliptique et les ailes sont moins développées, bien qu'elles égalent et dépassent même parfois la largeur de celle-ci ; néanmoins, l'affinité entre les deux espèces fossiles se soutient beaucoup mieux que celle du *B. speciosa* avec les *B. lenta* et *B. Bhojpaltra*. Regel insiste fort sur ce fait que, chez ces derniers, les ailes de la samare sont plus étroites que la nucule : les figures qu'il donne le mettent pleinement en évidence[1]. Je serais tenté de trouver plus d'analogie, quant au fruit, entre mon bouleau fossile et le *B. alba*, si la dissemblance très prononcée des caractères foliaires n'éloignait toute idée de filiation entre ces deux espèces.

En résumé, à l'époque du lac de Cerdagne, un bouleau vivait dans les forêts de ce pays, sans doute un peu à l'écart des rives, sur les pentes fraîches des montagnes, d'où ses feuilles et ses fruits n'ont que rarement été entraînés par les vents jusqu'à la surface des eaux. Cet arbre avait un feuillage ample et élégant, ce que l'épithète *speciosa* est destinée à rappeler. Ses plus proches parents connus semblent être le *B. dryadum*, qui habitait antérieurement une région voisine, peut-être aussi le *B. insignis* du Val d'Arno, presque contemporain ; enfin, parmi les bouleaux vivants, les *B. Bhojpaltra, cylindrostachia* ou autres, de l'Inde, de l'Extrême-Orient ou d'Amérique. Ces diverses formes

---

[1] V. Regel : *Monographia Betulacearum*. Moscou, 1861.

sont loin d'être identiques, mais une filiation entre elles est possible. Du *B. dryadum* d'Armissan auraient pris naissance des formes telles que le *B. Brongniarti* des argiles de Marseille, d'une part, le *B. speciosa* pyrénéen de l'autre, formes qui, après avoir vécu dans le sud de l'Europe vers la fin du miocène ou au début de la période suivante, se seraient éteintes ou auraient été éliminées vers l'Orient sous l'influence de l'abaissement progressif de la température [1]. L'Europe tertiaire a vu sans doute sous les formes alliées du *B. Ungeri* Andr., de Hongrie et d'Allemagne, du *B. ægea* Sap., de Grèce, et quelques autres, évoluer un second groupe de bouleaux, distincts du précédent, avant d'être envahie dans ses parties froides et tempérées par le charmant *B. alba*, que tout le monde connaît.

2. ALNUS OCCIDENTALIS, nova sp.

(Pl. IV, fig. 4-8.)

Diagnose. — A. foliis sæpiùs longè et gracilè petiolatis, polymorphis, elliptico-oblongis v. suborbicularibus, basirariùs subcordatis v. cordatis, margine tenuiter denticulatis ; nervis secundariis utrinque 8-10, plus minùs curvatis, furcatis v. breviter ramosis ; strobilis oblongis, squamis crassis, pedunculis longis robustisque. — Très commun.

Il n'est peut-être pas d'empreintes plus communes aux environs de Bellver que celles des feuilles d'aulne. Elles varient beaucoup de forme et de dimensions ; mais leur aspect et l'ensemble de leurs caractères permettent rarement d'hésiter au sujet de leur attribution générique, et le fait qu'on passe par transition des unes aux autres m'engage même à les rapporter toutes à une seule espèce.

Si l'on ne considérait que leur forme, on pourrait les répartir

---

[1] Parmi les bouleaux, arbres en général amis du froid, les espèces du sous-genre *Betulaster* ont des aptitudes plus méridionales. Selon M. de Saporta, il y a de fortes présomptions pour que le *B. dryadum* ait appartenu à cette section, dans laquelle les écailles bractéales ne se détachent pas de l'axe fructifère lors de la maturité et, par suite, ne se retrouvent pas à l'état fossile. Les écailles susdites manquant en Cerdagne, je me crois autorisé à penser de même pour le *B. speciosa*, mais avec plus de réserve, vu la moindre abondance des restes fossiles.

en deux groupes. Les unes sont larges, arrondies ou presque orbiculaires, à sommet le plus souvent obtus (fig. 4-5) ; les autres, à peine moins nombreuses, sont oblongues ou elliptiques et leur sommet s'atténue plus fréquemment en pointe (fig. 6-7). Chez un certain nombre, plus spécialement celles du premier groupe, la base est subcordée ou même nettement échancrée en cœur ; il est plus rare qu'elle soit atténuée en coin, le contour général devenant alors obovale. La taille ne varie pas moins que la forme ; mais c'est là en tout temps, et plus spécialement chez les aulnes, un fait sans grande valeur ; on peut dire toutefois que mes feuilles, comparées à celles des aulnes en général, sont plutôt de petite taille. Le pétiole est relativement grêle ; il peut atteindre ou même dépasser 2 centim. L'existence d'une dentelure marginale est très constante ; les dents sont petites, aiguës, peu inégales entre elles. Quant aux nervures, il y en a 7-8-10 paires ; les inférieures se détachent de la côte médiane sous un angle très ouvert; les autres, plus ou moins ascendantes et parfois inégalement espacées, tantôt se bifurquent volontiers et se replient à peine le long des bords (fig. 4 et 6), tantôt sont plus fortement arquées et s'unissent près de la marge par quelques anastomoses (fig. 5-7). Ces deux dispositions, qui tout d'abord paraissent très distinctes et dont la seconde est moins habituelle dans le g. *Alnus*, ne sont pas, comme on peut le voir, en relation avec la forme oblongue ou orbiculaire des feuilles ; elles se relient par de nombreux intermédiaires [1].

Voyons maintenant quels rapports existent entre l'aulne de Cerdagne et ses congénères vivants ou fossiles. Parmi ces derniers, l'*A. Kefersteinii* Ung., qui paraît avoir joué un grand rôle dans l'Europe miocène, offre bien quelque analogie avec mes spécimens à forme arrondie, ses nervures sont à peine moins nombreuses; mais, à en juger surtout par les figures qu'en donne

---

[1] L'*Alnus viridis* D C. et d'autres espèces encore offrent parfois sur deux feuilles voisines, ou sur une même feuille, des nervures qui se terminent diversement, les unes se rendant à l'extrémité des dents principales du bord, les autres s'incurvant davantage pour s'anastomoser entre elles le long de la marge.

Heer [1], le pétiole est plus épais et plus court, le contour souvent plus ovale. Une plus grande affinité se révèle entre mon espèce et celles de Koumi, de Manosque et de Marseille, qui vivaient aussi à une époque un peu antérieure, mais dans des localités plus voisines des Pyrénées, et ont été décrites sous les noms d'*A. sporadum* Ung., *A. sporadum* Sap., *A. phocœensis* Sap. L'aulne pyrénéen se rapprochait un peu plus de celui de Manosque par sa dentelure constante et le petit nombre de ses nervures, tandis que des caractères inverses en éloignent légèrement la forme marseillaise. Il s'écarte bien davantage des aulnes qui abondaient dans les principales flores pliocènes de France; cependant quelques-unes de mes feuilles, à formes grêles et base atténuée, ressemblent nettement au joli *A. stenophylla* Sap. et Mar., de Vacquières, et il n'est pas impossible de trouver à d'autres, à base cunéiforme et nervures peu nombreuses, une affinité plus lointaine avec l'*A. glutinosa* Gœrtn., au développement duquel préludaient les formes fossiles de Ceyssac et du Cantal [2].

En dépit de la variabilité de ses caractères, l'*A. glutinosa* constitue un type que l'on ne saurait confondre avec celui des espèces méditerranéennes éteintes et actuelles; et ce n'est pas à ce type boréal, aujourd'hui dominant dans nos pays, qu'on doit rallier l'ancien aulne de Cerdagne. Ce dernier fait partie, avec les aulnes fossiles de Provence et de Grèce, d'un groupe très naturel, actuellement réfugié plus au Sud ou à l'Est, et dont les principaux représentants sont les *A. orientalis* Dne, *cordata* Lois., *subcordata* C.-A. Mey.

De faibles nuances séparent toutes ces formes alliées, simples oscillations, selon toute apparence, d'un type unique à travers les âges et l'espace. L'*A. orientalis* Dne, du Liban et des environs de Beyrouth, a des feuilles plutôt oblongues qu'orbiculaires, en général doublement dentées et à dents principales obtuses; il y a 10 ou 12 paires de nervures secondaires. L'*A. cordata*, qui vit en Corse, en Italie et au Caucase, se distingue par sa base

---

[1] *Miocene baltische Flora*, Taf. XX et XIX.
[2] Cette affinité n'est jamais soutenue par les caractères de la dentelure marginale.

échancrée en cœur et ses nervures recourbées. L'*A. subcordata*, des abords du Caucase, présente des feuilles largement ovalaires, à dentelure simple et fine, 7 ou 8 paires seulement de nervures secondaires moins repliées que dans la forme précédente. On peut estimer quel degré d'affinité ont divers aulnes fossiles avec les races ou espèces vivantes dont je viens de parler. C'est ainsi, par exemple, que M. de Saporta rattache l'aulne des argiles de Marseille à la fois à l'*A. orientalis* pour l'aspect général et le nombre des nervures, à l'*A. subcordata* pour le contour du limbe, à l'*A. nepalensis* pour divers caractères de la nervation et les dents marginales moins accusées; l'aulne de Koumi inclinera davantage vers l'*A. subcordata*. Suivant la même marche, je dirai que l'aulne de Cerdagne tient surtout de l'*A. subcordata* par le petit nombre des nervures, caractère assez fixe, mais qu'il accuse en outre une tendance notable vers l'*A. cordata*, soit par l'échancrure basilaire de plusieurs de ses feuilles, soit, en d'autres cas, par l'incurvation plus prononcée de ses nervures; l'*A. orientalis* en serait un peu moins voisin.

Outre les feuilles, j'ai recueilli plusieurs strobiles, toujours groupés par deux sur un pédoncule commun, qui dans un exemplaire atteint une grande longueur. Ce pédoncule et ses deux branches de division, celles-ci toujours assez courtes, paraissent fort robustes; le strobile est oblong ou presque globuleux, à écailles épaissies au sommet; ses dimensions sont d'environ 14 millim. de long sur 10 de large, et il se classe, à ce point de vue, entre les strobiles de l'aulne de Manosque, dont le contour est plus anguleux, et ceux des *A. viridis* Dne, *gracilis* Ung., *cycladum* Ung., remarquables par leurs formes grêles; il est plus petit que ceux de l'*A. subcordata* et se rapproche surtout, à divers égards, de ceux que Heer et Unger attribuent à l'*A. Kefersteinii* ou a l'*A. sporadum*. La grande ressemblance de forme et de taille que présentent entre eux tous les groupes de fruits que j'ai recueillis contribue à étayer l'hypothèse selon laquelle les diverses feuilles fossiles d'aulnes, en Cerdagne, appartiendraient à une seule et même espèce.

Ainsi donc, à l'époque mio-pliocène comme de nos jours, des aulnes couvraient en abondance les berges des rivières de Cerdagne ; mais ils appartenaient à un type devenu depuis lors plus méridional et surtout plus oriental. Les variations de leur feuillage étaient grandes ; l'*A. cordata* et les races qui lui sont alliées, les aulnes tertiaires de Provence eux-mêmes, n'atteignent pas à un semblable polymorphisme. Jamais je n'ai vu, dans les espèces vivantes voisines, le rapport des deux diamètres foliaires varier au même degré ; seul, l'*A. glutinosa* offre des écarts aussi considérables entre deux feuilles prises sur le même individu. Malgré cela, je crois irrationnel de distinguer par des noms différents des feuilles que relient tant de passages, et, d'autre part, l'impossibilité de les rattacher toutes à l'une ou l'autre des espèces éteintes ou vivantes me conduit à les désigner par une appellation spéciale ; elle rappellera, non un caractère exclusif, qu'il serait difficile de préciser, mais la situation géographique de l'aulne pyrénéen relativement à l'ensemble des aulnes du même groupe.

Il se peut que les formes diverses de l'*A. occidentalis* aient été plus que des variations accidentelles. Dire quel degré de stabilité elles avaient acquis, serait peut-être téméraire, et tout ce que l'on peut affirmer, c'est que ces variations se rattachaient à un même type, lequel dut dans la suite se retirer devant l'*A. glutinosa*. Ce type, devenu plus plastique encore qu'en Grèce ou en Provence, était, en revanche, représenté par des formes plus grêles, trahissant peut-être l'influence de l'altitude. Les feuilles de petite taille sont sensiblement plus communes à Bellver que les grandes, et celles-ci n'atteignent pas tout à fait les dimensions des plus belles feuilles des argiles de Marseille[1].

---

[1] Il convient de dire qu'il ne règne pas parmi les botanistes un parfait accord au sujet de la délimitation des divers groupes d'aulnes : tandis que l'un rattache l'*A. Kefersteinii* au type de l'*A. glutinosa*, l'autre en fait le fidèle représentant de l'*A. cordata* dans l'Europe miocène. D'autre part, les meilleurs caractères sont sujets à des altérations individuelles considérables ; pour n'en citer qu'un exemple, j'ai vu plus d'une fois des pieds d'*A. glutinosa* porter presque uniquement des feuilles à 12, 13 et 14 paires de nervures secondaires, tandis qu'en général l'espèce se fait remarquer par sa nervation près de moitié plus espacée et moins riche. Mais c'est ici le cas de s'attacher à l'ensemble, non à l'exception. En somme, l'*A. glutinosa* diffère totalement d'aspect avec ses congénères du type de l'*A. orien-*

CUPULIFÈRES.

I. Carpinus grandis, Ung.
(Pl. III, fig. 8, et IV; fig. 9-10.)

Diagnose. — C. foliis ovato-ellipticis, acuminatis, basi obtu-
satâ duplicato-serratis, nervis secundariis utrinque circiter 13-15,
strictis, parallelis, valdè obliquis.

Assez rare.

Comme le bouleau, le charme devait être assez peu répandu
dans l'ancienne Cerdagne, ou du moins vivre à quelque distance
du lac ; il a laissé de son existence des traces variées et incon-
testables. Toutes les feuilles ont le même contour elliptique-ova-
laire, la base plutôt arrondie que subcordée, le sommet prolongé
en pointe. On les distingue sans peine des feuilles de bouleau,
dont elles ont un peu la taille et le contour, grâce à leur dentelure marginale double, acérée, parfois fortement accusée, et à
leurs nervures secondaires plus serrées et nombreuses, se rendant en droite ligne aux dents principales du bord. Lorsqu'on
peut distinguer les détails de la nervation tertiaire, on constate
que ses caractères sont bien ceux des charmes ; à cet égard et à
d'autres, la confusion n'est pas possible avec le g. *Ulmus*. Je ne
vois aucun motif sérieux pour séparer le charme de Bellver du
C. grandis Ung., espèce qui a vécu longtemps dans l'Europe tertiaire et a été souvent décrite, notamment par Heer [1]. Il en est
plus voisin que du *C. suborientalis* Sap., de Ceyssac et des cinérites du Cantal, et que du charme de Montcharray (Ardèche), dont
j'ai pu examiner au Muséum de Lyon quelques bons exemplaires.
Les feuilles de ce dernier sont plus obtuses au sommet et plus
elliptiques, celles du *C. ostryoïdes* Goepp. [2] ont des dents marginales plus fortes, celles du *C. Ovidii* Massal. [3] ont au contraire

---

talis ; tout porte à croire qu'il a une origine distincte, et les quelques traits de
ressemblance, toujours partiels et rares, que peut offrir avec lui l'aulne fossile de
Cerdagne, n'infirment nullement cette conclusion.

[1] *Flora tertiaria Helvetiæ*, II, pag. 40, Tab. LXXI, LXXII, LXXIII.

[2] Goeppert, *Fl. v. Schossnitz*, Tab. IV. — Heer, *Mioc. Balt. Flora*, Tab. VII.

[3] *Syn. Flor. Senog.*

un bord simplement denticulé, et en outre leur base est inégale et subcordée.

Parmi les espèces vivantes, Heer compare surtout ses empreintes de *C. grandis* avec notre *C. betulus* L. indigène, tandis qu'on relie les formes fossiles du centre de la France et des terrains quaternaires de Toscane au *C. orientalis* Willd., actuellement vivant à Naples, en Carniole, en Asie-Mineure. Mises en regard de feuilles de ces deux espèces, mes feuilles fossiles de Cerdagne m'ont paru, par le mouvement général de leur contour et par leur taille moyenne, se rapprocher franchement de la première ; les nervures et la dentelure, identiques des deux parts, ne semblent devoir fournir aucun caractère distinctif.

La fig. 10 (Pl. IV) représente la base d'un involucre de charme, et, bien qu'elle soit unique et incomplète, cette empreinte offre un intérêt réel. Elle permet en effet d'éliminer le g. *Ostrya*, dont les feuilles ne se distinguent guère de celles des charmes, mais chez lequel la capsule involucrale est vésiculeuse et parcourue de veines caractéristiques. Par les indentations de son bord, qui sont très accusées, le fragment que je figure paraît s'éloigner un peu du type des *C. grandis* et *betulus* pour se rapprocher de celui du *C. orientalis* ; mais il serait peu convenable de baser une détermination sur des indications légères.

2. FAGUS PLIOCENICA, SAP., var. CERETANA.

(Pl. V, fig. 1-7.)

Diagnose. — F. foliis breviter petiolatis, latiùs angustiùsve ovato vel obovato-lanceolatis, basi rotundatis v. attenuatis, apice brevissimè acuminatis ; margine parcè serratis, vel sinuatis v. subintegris ; nervis secundariis utrinquè 7-10-12, sub angulo 45° emissis, simplicibus, rectis v. subrectis ; fructu involucro echinato, nuculâ triquetrâ, illum *Fagi ferrugineæ* superante.

Très commun.

Les feuilles des hêtres ont un aspect simple ; les espèces de ce genre ne sont pas très nombreuses et se montrent moins diffé-

renciées que celles des groupes précédents. Mais là même réside
la difficulté de leur étude, car il s'agit d'apprécier des variations
légères et d'en suivre l'enchaînement graduel, lequel aboutit len-
tement à travers les âges à une modification sensible du type.
Deux hêtres qui ne diffèrent pas entre eux d'une façon profonde,
puisque certains naturalistes hésitent à en faire deux espèces,
sont cependant les anneaux extrêmes d'une chaîne non interrompue
de variétés éteintes dont les restes parsèment l'Europe miocène
et pliocène. L'un de ces arbres a vécu jadis sur notre sol, ou du
moins il y était représenté par une forme qui en diffère à peine :
c'est le *F. ferruginea* Mich., aujourd'hui répandu dans l'Amérique du Nord. L'autre est le seul hêtre actuel d'Europe, le *F. sylvatica* L. L'intérêt principal de l'étude des hêtres tertiaires, qui,
à partir des derniers temps miocènes, apparaissent de toute part
avec une certaine profusion, se porte sur le passage qu'ils établissent entre le type devenu américain et son successeur définitif
au sein de nos forêts. La flore de Cerdagne, dont le hêtre devait
être un des plus beaux ornements, joindra son appoint aux documents déjà recueillis sur cette remarquable filiation.

Peut-être sera-t-il bon de préciser tout d'abord les caractères
distinctifs des *F. ferruginea* et *sylvatica*. Le premier a de grandes feuilles, plus allongées et moins ovales en moyenne, à base
tantôt atténuée et tantôt assez large, à sommet plus constamment
atténué en pointe longue. Les bords offrent une dentelure en
scie, simple, uniforme, assez espacée. Le pétiole demeure assez
court et les nervures sont très nombreuses (12 paires au moins,
le plus souvent davantage). Ce type est reproduit presque inté-
gralement dans l'Europe miocène par le *F. pristina* Sap., de Manosque, dont le pétiole est seulement plus court encore et dont la
pointe terminale s'accentue un peu davantage. Le *F. sylvatica* a
des feuilles habituellement plus petites et plus ovales, moins acuminées, à bord à peine denté, simplement ondulé ou même tout
à fait entier, 7 ou 9 paires de nervures secondaires. Quant au
fruit, contrairement à ce que l'on pourrait supposer *à priori*, il
est beaucoup moins gros dans le *F. ferruginea* que dans son con-

génère d'Europe. Ces points de départ établis, je rechercherai quels sont les caractères moyens de l'ancien hêtre de Cerdagne, puis je m'efforcerai d'établir sa situation à telle ou telle distance des deux termes extrêmes et au milieu des nombreux intermédiaires provenant de localités diverses.

Les feuilles ont été recueillies en grand nombre et, pour la plupart, dans un état de conservation excellent. Les figures de la Pl. V donnent un aperçu de leurs principaux aspects. Le pétiole est robuste, mais assez court ; il atteint souvent 8 et parfois à peine plus de 4 millim. La taille du limbe, très variable, s'élève dans les grands spécimens à 10 centim. de long sur 6^{cm},5 de large. Quelques feuilles sont régulièrement elliptiques-lancéolées; la plupart ovales ou obovales. Le rapport des deux diamètres varie dans de fortes proportions, mais les formes larges sont beaucoup plus nombreuses que les formes allongées. La base peut être très arrondie ou s'atténuer insensiblement; la première de ces dispositions semble plus fréquente ; mais, d'après ce que j'ai pu voir sur les feuilles actuelles, c'est un caractère de peu de valeur. Le sommet se termine en pointe douce, peu prononcée, et rappelle de préférence celui du *F. sylvatica*. Pour la dentelure marginale, un certain nombre de feuilles (fig. 3) présentent, surtout dans leurs deux tiers supérieurs, une manière d'être qui n'est pas sans analogie avec celle du *F. ferruginea* ; les dents sont aiguës, très espacées, peu saillantes. Mais le hêtre indigène offre parfois aussi de tels aspects, et beaucoup de mes feuilles fossiles sont simplement sinuées-ondulées, ou même à peu près entières. Enfin, le nombre des nervures secondaires oscille entre 12, 11 et 10 paires et peut se réduire à 7 dans des feuilles, il est vrai, de petite taille ; les indications fournies par ces chiffres ont de l'importance dans le g. *Fagus*, plus peut-être que les autres caractères. Les nervures ont en général un trajet rectiligne ; parfois cependant, naissant sous un angle très aigu, elles s'incurvent légèrement à mesure qu'elles se rapprochent des bords, de façon à devenir moins ascendantes. De petites nervures tertiaires, souvent indistinctes et toujours très fines, courent perpendiculairement aux nervures secondaires, qui ne sont jamais ramifiées.

J'ai cru remarquer que les feuilles à nervures nombreuses avaient en général un pétiole plus court, une base amincie, un contour allongé ; de là, l'indice d'une séparation en deux groupes, les feuilles dont je viens de parler inclinant davantage vers le *F. ferruginea*, tandis que les autres rappelleraient plutôt le *sylvatica*. Mais s'il est assez plausible que ces deux variétés légères aient existé, on ne saurait les isoler nettement, à cause des transitions qui les relient. Ainsi, la fig. 1 représente une feuille qui appartient par sa base, ses nervures et son pétiole à l'un des groupes, et à l'autre par son contour général ; d'autre part, si la feuille 5 a la forme et les nervures du groupe qui incline vers le type *ferruginea*, son bord entier l'éloigne du hêtre américain.

Parmi les hêtres fossiles que l'on peut comparer avec le mien, je citerai d'abord les *F. Deucalionis* Ung., *macrophylla* Ung., *Feroniæ* Ung., répandus dans l'Europe du nord et du centre vers la fin du miocène. La fig. 3, par exemple, rappelle le *F. Deucalionis* par la dentelure espacée de la partie supérieure et ne ressemble pas moins à certaines figures du *F. macrophylla*, bien que celui-ci ait le bord simplement ondulé et soit de plus grande taille[1]. Il est plus naturel toutefois de chercher des points de comparaison dans la flore de Sinigaglia, dont l'horizon géologique se rapproche fort de celui des argiles de Bellver. Les hêtres étaient nombreux dans cette riche localité italienne, mais leurs espèces paraissent avoir été trop multipliées. La mieux établie parmi celles que distingue Massalongo est son *F. Marsilii*, dont les figures ressemblent beaucoup à quelques-unes de mes empreintes[2]. A l'autre extrémité de l'Ancien-Monde, le hêtre forme à lui seul 80 à 90.% des spécimens récoltés dans le pliocène supérieur de Mogi (Japon) ; M. Nathorst l'appelle *F. ferruginea fossilis* et le considère comme intermédiaire entre les *F. ferruginea* et

---

[1] V. Unger ; *Die fossile Flora von Gleichenberg*, Taf. II.

[2] V. Massalongo : *Studii sulla Flora fossile del Senigalliese*. Imola, 1859, Tav. **XXI**, etc.

sylvatica, mais plus voisin du premier, dont le type aurait persisté ainsi plus longuement au Japon qu'en Europe [1]. D'après de nombreuses figures, il avait en effet 11-13 paires de nervures, de petites dents aiguës et espacées, un sommet volontiers acuminé.

Au début de l'époque pliocène, le hêtre se multiplie partout dans le centre de la France : on le trouve à Trévoux, à Hauterive, à la Tour-du-Pin, mais surtout dans les cinérites du Cantal. L'espèce des cinérites a d'abord été presque assimilée par M. de Saporta au *F. sylvatica* ; les feuilles, dont j'ai pu consulter une belle collection au Muséum de Toulouse, sont seulement un peu plus polymorphes, atténuées en pointe et parfois plus riches en nervures. Beaucoup d'entre elles se lient très intimement à mes feuilles de Cerdagne. Plus récemment, la découverte de deux empreintes de fruits a modifié l'opinion de M. de Saporta. Ces fruits indiquent en effet plus d'affinité avec le *F. ferruginea* qu'on ne l'avait supposé d'abord. Par leur grosseur, les involucres tiennent exactement le milieu entre ceux des deux espèces actuelles ; à une forme générale voisine de celle que présente le *F. sylvatica*, ils joignent quelques traits de la physionomie de l'autre espèce. En outre, la longueur du pédoncule excède notablement celle de l'involucre, ce qui constitue un caractère spécial à la forme fossile.

Il est intéressant de rapprocher de ce qui précède les données fournies par l'unique fruit de hêtre, dont les argiles de Bellver aient, à ma connaissance, conservé l'empreinte. Or ici, le pédoncule est plus court que l'involucre, celui-ci s'atténue plus longuement à la base que l'organe analogue du *F. ferruginea*, et, quant aux dimensions, on peut dire que le fruit est intermédiaire entre celui du *F. ferruginea* et celui du *F. sylvatica*, mais cependant plus voisin de ce dernier. Voici quelques chiffres basés, pour les espèces vivantes, sur plusieurs mesures dont j'ai pris la moyenne :

---

[1] V. A.-G. Nathorst, *Bidrag till Japans fossila Flora.* Stockholm, 1882, Taf. VIII et VII.

	Longueur de la valve involucrale.	Longueur de la nucule incluse.
Fagus ferruginea..........	13-14^{mm}	11^{mm}
— *sylvatica*............	23-25^{mm}	15^{mm}
Hêtre fossile de Bellver....	20^{mm}	15^{mm}

L'évolution qui, de toute part, amenait peu à peu le hêtre européen au type qu'il revêt de nos jours a donc pu s'accentuer de bonne heure en Cerdagne. En tout cas, comme ceux de Sinigaglia, de Schossnitz, du Japon, du Cantal et d'ailleurs, le hêtre fossile pyrénéen est une de ces formes de passage auxquelles on peut attribuer seulement des caractères ondoyants, les rapprochant plus ou moins de tel ou tel type mieux fixé plutôt qu'ils ne leur constituent une physionomie propre. Il serait sage de grouper en un faisceau commun toutes ces formes éparses et à traits mixtes qui se développaient si largement de l'extrême Nord ou de l'Orient jusqu'aux revers méridionaux des Alpes et des Pyrénées, vers l'aurore des temps pliocènes. M. de Saporta a proposé déja de les réunir sous le nom de *F. pliocenica*[1] ; bien qu'il n'ait pas tracé une description méthodique de l'espèce que l'on composerait ainsi et que l'épithète *miopliocenica* eût peut-être été plus juste, j'adopterai cette manière de voir comme la plus rationnelle. On pourrait établir dans la nouvelle espèce plusieurs subdivisions, des variétés locales *arvernensis, italica, silesiaca*, etc. La var. *ceretana*, par exemple, doit rester distincte de celle des cinérites ; sans doute elle était légèrement plus voisine du *F. sylvatica*, bien que les feuilles fussent fréquemment munies de 12 paires de nervures, et son fruit, autant que l'on peut se baser sur un spécimen unique, n'avait ni les mêmes dimensions ni une forme tout à fait identique[2].

---

[1] *Comptes rendus de l'Acad. des Sciences*, tom. XCIV, avril 1882.

[2] Depuis que les lignes précédentes ont été écrites, M. de Saporta a publié des *Observations sur la Flore fossile de Mogi*, et au cours de cette étude il entre dans des détails assez circonstanciés sur les hêtres pliocènes. Il figure le fruit du *F. pliocenica* Sap., du Cantal. Entre ce fruit et celui de Cerdagne, il y a des différences notables dans la forme et les dimensions du pédoncule, ainsi que dans l'aspect des épines de l'involucre, qui paraissent avoir été plus longues et

3. CASTANEA PALÆOPUMILA, ANDR.

(Pl. V, fig. 8.)

Diagnose.— C. foliis oblongo-lanceolatis, basi attenuatis, apice acuminatis, repando-serratis, dentibus acutis versus apicem recurvis, nervis secundariis numerosis, rectis, simplicibus, è nervo primario valido sub angulo acuto exorientibus.

Rare. .

Je possède quelques bons fragments d'une espèce dont la détermination ne saurait reposer sur un degré de certitude égal à celui des précédentes, mais que j'incline beaucoup à classer dans le g. *Castanea*, en raison de l'aspect général, de la forme de la base et surtout de la dentelure. S'il s'agit réellement d'un châtaignier, on peut l'assimiler au *C. palæopumila* Andr., qui vivait à Sinigaglia à l'époque mio-pliocène. La figure que Massalongo donne de ce dernier indique 13 paires de nervures et offre avec mes empreintes une grande ressemblance [1]. La base est cependant moins amincie, les bords sont plus parallèles, la largeur générale se maintient par suite plus uniforme ; mais ces légères divergences s'effacent si l'on considère un fragment de feuille de Cerdagne, trop incomplet pour être figuré, à bords parallèles et dents aiguës rappelant bien le faciès habituel des châtaigniers. Le *C. recognita* Sch. pourrait aussi offrir quelques analogies avec l'espèce cerdane ; mais j'éliminerai le *C. Ungeri* Heer, à dents plus larges et obtuses, base plus atténuée. Rien de surprenant que les restes d'un châtaignier soient rares aux environs immédiats de Bellver ; si cet arbre a vécu dans le pays, ce qui est probable,

---

plus divariquées chez le premier. M. de Saporta propose d'identifier le hêtre de Mogi avec le *F. pliocenica* et figure une feuille de Cerdagne, en ajoutant qu'elle se rapporte sans doute au *F. Deucalionis* Ung. ou au *F. Marsilii* Mass. Je crois préférable de la rattacher au *F. pliocenica*, mais à titre de variété distincte (surtout en raison des caractères du fruit) et de maintenir, au sujet des hêtres pliocènes, l'opinion exprimée dans le texte, comme à la fois plus large et plus simple que celle qui tendrait à les désigner sous des noms multiples et sans lien entre eux.

[1] *Syn. Flor. Senog.*

il n'a dû prospérer qu'à une certaine distance, non dans la région où domine le calcaire, mais dans les massifs schisteux ou granitiques de la partie N.-N.-E. du bassin.

4. QUERCUS PRÆILEX, SAP.
(Pl. IX, fig. 1-3).

Diagnose. — Q. foliis breviter petiolatis, coriaceïs, ovatis ovatoque oblongis, basi rotundatis, apice plus minus apiculatis, margine subtus leniter revoluto plus minus supernè dentatis, nervis secundariis utrinque 7-13 sub angulo sat aperto emissis, secus marginem arcuato-conjunctis vel in dentes productis.

Assez rare.

Les variations légères des chênes de la section *Ilex* pendant toute la durée des périodes tertiaires ont été signalées à plusieurs reprises. Suivant les alternatives de sécheresse et d'humidité, on voit comme sur le chêne vert actuel, en raison des sols et des expositions, les feuilles devenir plus étroites ou plus larges, les dents demi-épineuses des bords s'accentuer ou disparaître. C'est ainsi qu'aux formes un peu maigres de la période tongrienne succèdent des formes plus amples, telles que le *Q. mediterranea* Ung., de Koumi et de Radoboj ; puis viennent les chênes de Montcharray et de Meximieux, stations plus fraîches, placées sur la limite des temps miocènes et pliocènes. Le *Q. præcursor* Sap., largement représenté dans la flore de Meximieux, est très bien connu : ses feuilles sont, en moyenne, un peu plus grandes et allongées que celles du *Q. Ilex* actuel, leurs nervures sont plus nombreuses, le bord reste toujours entier et le sommet s'atténue en pointe plutôt obtuse qu'aiguë [1].

La Cerdagne tertiaire avait aussi ses chênes verts. Je les rapporterai à l'espèce de Montcharray, qui n'a jamais été complètement décrite, mais dont M. de Saporta a figuré incidemment une feuille sous le nom de *Q. præilex* [2] et dont j'ai pu moi-même

---

[1] De Saporta et Marion ; *Études sur les végétaux fossiles de Meximieux*, dans *Archives du Muséum de Lyon*, tom. I.

[2] De Saporta ; *Le Monde des Plantes avant l'apparition de l'homme*, fig. 93, pag. 308.

observer plusieurs exemplaires au Muséum de Lyon. Dans les deux localités, si les feuilles peuvent atteindre d'assez belles dimensions, si leur contour est souvent allongé, elles diffèrent toutefois du *Q. præcursor* par leur sommet à pointe plus aiguë et surtout la présence presque constante, vers le haut, de dents spinescentes plus ou moins nombreuses et développées. Il est difficile de préciser le nombre moyen des nervures ; en Cerdagne, tandis que de petites feuilles n'en ont pas plus de sept paires, plusieurs spécimens de grande taille ont dû en posséder davantage, mais on éprouve quelque peine à les discerner. On reconnaît toutefois que, nées de la côte médiane sous un angle assez ouvert, les nervures s'incurvent en arc et se relient entre elles près de la marge, sauf lorsqu'elles se rendent à la pointe d'une dent bien prononcée, ce qui est conforme aux règles habituelles de la nervation chez les chênes. La base est arrondie, quelquefois légèrement échancrée et auriculée ; les bords sont manifestement repliés en dessus, et il est visible que le limbe avait une consistance épaisse. Bien que ce chêne vert fossile ne puisse être séparé d'une espèce plus ancienne, la ligne de démarcation entre lui et le chêne vert qui vit de nos jours en Roussillon et en Provence est des plus malaisées à tracer, les feuilles de ce dernier étant extrêmement variables ; pourtant il semble que les feuilles fossiles aient eu en général un sommet plus effilé, des nervures plus nombreuses.

Je joindrai aux feuilles du *Q. præilex* une très jolie empreinte (fig. 3), dont le contour est régulièrement obovale, le sommet arrondi et qui ressemble beaucoup au *Q. alnifolia* Poech., de l'île de Chypre, tel que le figurent Kotschy et M. d'Ettingshausen [1]. Le limbe est coriace, bordé dans sa moitié supérieure d'un petit nombre de dents en scie infléchies ; les nervures secondaires sont au nombre de six à peine de chaque côté, très saillantes à la face inférieure ainsi que la côte médiane, quelquefois bifurquées, doucement infléchies vers le haut. Les variations de forme très

---

[1] Kotschy ; *Die Eichen Europas und Orients.* Wien, 1862.

étendues, déjà signalées, que l'on observe tous les jours sur le *Q. Ilex* et dont le *Q. mediterranea* miocène offre aussi de frappants exemples [1], m'engagent à ne pas séparer cette feuille des précédentes.

5. QUERCUS DENTICULATA, nova sp.

(Pl. IX, fig. 4.)

Diagnose. — · Q. foliis obovatis, apice rotundatis vel mucronatis, margine ferè totaliter argutè denticulatis, nervis secundariis utrinque 6-7 sub angulo acuto emissis, adscendentibus, usque ad marginem productis.

Rare.

Tandis que la feuille dont je viens de parler se relie évidemment à celles du *Q. præilex*, quelques autres, d'un contour également arrondi-obovale, en sont bien distinctes par des caractères de consistance, de nervation et de dentelure. Moins coriaces, quoique selon toute apparence encore fermes et persistantes, elles ont une base plus étroite que le sommet, un sommet arrondi ou mucronulé, des nervures secondaires encore en petit nombre, mais nées à angle aigu, beaucoup plus ascendantes, légèrement recourbées vers le haut aux approches du bord, qu'elles atteignent sans s'anastomoser entre elles. Ce bord, sauf aux approches immédiats de la base, est uniformément denticulé et les dents, petites, aiguës et un peu spinescentes, sont en général deux fois plus nombreuses que les nervures. Ce dernier caractère pourrait faire douter qu'il s'agisse d'un *Quercus*; cependant, parmi les chênes fossiles suisses classés par Heer, il en est plus d'un qui le présente [2]. Tels sont, par exemple, les *Q. argute-serrata, valdensis, Mureti*; mais aucun ne saurait être identifié à mon espèce. Ainsi le *Q. valdensis* a des nervures secondaires repliées en arc le long des bords et le *Q. Mureti*, chez lequel elles se rendent bien dans les dents marginales correspondantes, on possède un

---

[1] Unger ; *Die fossile Flora von Kumi.* Wien, 1867, Taf. VI.
[2] Heer ; *Fl. tert. Helvetiæ*, II, pl. 77-78.

plus grand nombre ; en outre, les dents sont moins spinescentes et l'on pourrait relever d'autres différences de détail. Je mentionnerai encore le *Q. sclerophylla* H., allié au *Q. coccifera* actuel, comme offrant avec l'espèce que je décris une certaine analogie, par son contour général et ses petites dents spinescentes.

Parmi les espèces vivantes, je citerai le chêne kermès méditerranéen (*Q. coccifera* L.) et surtout le *Q. ballota*, du nord de l'Afrique. Les dents marginales de leurs feuilles rappellent celles de mes feuilles fossiles et sont parfois en plus grand nombre que les nervures secondaires ; toutefois celles-ci sont alors en général bifurquées. L'analogie que je signale, à d'autres égards encore, n'est certainement pas complète. En résumé, les feuilles fossiles dont je viens de parler constituent une espèce bien tranchée, dont l'attribution au genre *Quercus*, ce genre si polymorphe et auquel les meilleurs auteurs se refusent à assigner des caractères constants de quelque valeur, me paraît tout au moins fort plausible.

6. Quercus hispanica, nova sp.

(Pl. VI, fig. 1-11.)

Diagnose. — Q. foliis firmis vel submembranaceis, sat breviter petiolatis, oblongo-ellipticis v. obovatis, basi obtusatis v. subauriculatis, v. in petiolum attenuatis, apice plus minus longè cuspidatis, margine parcè crenato-dentatis v. sublobatis, nervis secundariis utrinque 7-10 in dentes productis, nervulis rete subtile efform antibus.

Très commun.

Le principal chêne de l'ancienne Cerdagne, l'arbre qui, avec le hêtre, dominait sans doute dans ses forêts, doit occuper dans le vaste genre *Quercus* une situation moyenne entre les espèces à feuilles coriaces, entières ou dentées, persistantes, et celles dont les feuilles sont membraneuses, plus profondément sinuées ou incisées et se renouvellent chaque année ; peut-être sa place est-elle plus près de ces dernières. Il a laissé des empreintes bien conservées, très variées d'aspect et de dimension, dont je tracerai d'abord une description moyenne et parmi lesquelles je distinguerai ensuite quelques formes spéciales. Par malheur, les fruits manquent, ce qui arrive fréquemment chez les chênes fossiles.

Le pétiole, assez épais, peut atteindre 16-18 millim., mais en général reste plus court. Le limbe, tantôt coriace, tantôt d'aspect membraneux, mais toujours un peu ferme, offre un contour ovale-oblong, ou parfois obovale, deux ou trois fois plus long que large ; dans les grands exemplaires, il atteint 8 et même 10 centim. de longueur. La base, parfois inéquilatérale, peut être modérément amincie, arrondie ou un peu rétuse et subauriculée, ou au contraire s'atténuer longuement et se terminer en pointe. Le sommet offre une pointe pyramidale régulière, aiguë, quelquefois émoussée et à peine distincte, en général bien accusée. Le bord reste entier jusqu'à une distance plus ou moins grande de la base, puis se festonne de dents grossières, espacées, parfois assez prononcées pour qu'on puisse le qualifier de sublobé ; ces dents sont en général arrondies, ainsi que les sinus interdentaires, légèrement recourbées en crochet vers le haut et à rebord inférieur beaucoup plus allongé que le supérieur. D'une forte nervure médiane se détachent 7-10 paires de nervures secondaires, opposées ou alternes, droites ou un peu infléchies vers le haut, se rendant aux crénelures ou dents correspondantes ; sur les points où celles-ci font défaut, les nervures se replient en arc le long de la marge et s'unissent entre elles; souvent les plus inférieures, petites et ainsi repliées, naissent sous un angle plus ouvert que les suivantes. Des deux côtés de la nervure médiane et des secondaires, naissent perpendiculairement ou à angle aigu les nervures tertiaires, qui vont s'anastomoser vers le milieu des areas, tandis qu'entre elles s'interposent des nervilles extrêmement ténues, circonscrivant une multitude de petits espaces plus ou moins trapézoïdes. Les détails de ce réseau sont admirablement conservés sur quelques empreintes en creux, correspondant à la face inférieure. La surface devait être glabre et le lacis nervillaire semblable à celui qu'on voit sur les feuilles des chênes vivants, mais plus riche et plus apparent peut-être que dans beaucoup de feuilles d'espèces méridionales.

Les spécimens que représente la Pl. VI ont été choisis de façon à indiquer les modifications les plus communes ou les plus saillantes du type. Les fig. 1 et 2 se rapportent à la forme que je considère comme la plus normale. Le limbe est allongé, sa base est plutôt ronde et peu amincie, les crénelures ne sont ni très fortes ni très nombreuses et manquent sur le tiers ou même la moitié du contour, mais elles sont bien reployées en crochet et souvent mucronées ; la consistance est plus ferme que dans les autres cas et presque coriace. On peut voir dans les feuilles représentées par les fig. 3 et 4 un passage de cette première forme à une seconde, plus rare, bien caractérisée par sa base longuement atténuée, ses crénelures plus fortes mais peu nombreuses, ses nervures secondaires par conséquent réduites aussi en nombre, sa pointe apicale très développée (fig. 5). D'autre part, les feuilles 3 et 4 se rattachent, par l'intermédiaire des feuilles 6 et 7, à celles, assez nombreuses, dont les fig. 8 et 9 sont destinées à donner un aperçu et que distinguent leur forme obovale, notablement élargie près du sommet, leurs crénelures plus nombreuses et plus arrondies. Quant aux fig. 10 et 11, l'une à contour elliptique-lancéolé, l'autre à dentelures aiguës et brusquement déjetées en dehors, elles représentent des feuilles plutôt excentriques que constituant des variétés normales.

Si l'on rattache les diverses formes ci-dessus à un même type spécifique, il est difficile de trouver parmi les chênes fossiles décrits de côté et d'autre une espèce très analogue. Une des plus voisines est le *Q. Etymodrys* Ung., signalé d'abord à Gleichenberg, puis à Sinigaglia, où Massalongo le fractionne en diverses variétés. A en juger par les figures que donnent Unger et Massalongo, le *Q. Etymodrys* a le pétiole plus grêle, la base moins amincie, les lobes un peu plus nombreux, le sommet légèrement moins acuminé que la moyenne de mes feuilles. La variété *canonica* Massal. mérite d'être rapprochée plus spécialement de mes fig. 1 et 2. D'autre part, les formes obovales ou subdeltoïdes du chêne pyrénéen, celles dont la plus grande largeur est voisine du sommet, dont les crénelures sont plus obtuses et qui semblent s'être éloignées davantage du type des chênes à feuilles coriaces et entières, ressemblent beaucoup aux figures du *Q. Cardanii* Massal. Pour les feuilles à caractères inverses, dont la fig. 5 offre un très beau spécimen, l'analogie est surtout frappante avec le *Q. Nimrodis* Ung. et les formes alliées, telles que les *Q. ilicoides* H., *Buschii* Web., etc., qui relient les groupes précédents à la section des chênes verts. Enfin, parmi les chênes des argiles brûlées du Val d'Arno, le *Q. lucumonum* Gaud. n'est pas sans rapport avec les feuilles nos 1 et 2.

Je dois à M. de Saporta d'avoir pu consulter une très riche collection de feuilles de chênes actuels. Elle comprenait plusieurs espèces du sud de la péninsule Ibérique, du Maroc ou de l'Algérie, et notamment toutes les variétés des *Q. lusitanica* Web. et *humilis* Lam., recueillies au jardin botanique de Coïmbre et provenant des districts les plus divers du Portugal. Or, l'étude de ces formes nombreuses, bien qu'intimement alliées entre elles, éclaire d'une vive lumière l'histoire et les affinités du plus remarquable des anciens chênes de Cerdagne.

Le *Q. lusitanica* est très polymorphe. Un examen attentif de ses feuilles me conduit à assigner à leur type moyen, le plus fréquent et le plus normal, une taille médiocre, une forme oblongue, une base arrondie ou un peu cordiforme, des dents aiguës ou obtuses modérément prononcées, 10 à 11 paires de nervures secondaires. Ce type moyen ressemble beaucoup à mes fig. 1 et 2, représentant des feuilles qui occupent aussi, parmi celles de Bellver, une situation intermédiaire entre deux extrêmes. D'ailleurs on peut dire que le chêne portugais reproduit, ébauche tout au moins toutes les variations de taille et de forme de l'espèce fossile. Sur le même rameau on trouve des feuilles à sommet arrondi, d'autres où la pointe est bien accentuée. Celles qui proviennent de l'Algarve ont parfois des lobes plus aigus et mucronés ; elles sont petites, grêles et sèches, trahissant ainsi l'influence d'un climat plus chaud, moins humide. Quelques variétés ont un limbe coriace, presque entier. Dans l'ensemble, le *Q. lusitanica*, dont la parenté avec mon espèce éteinte est des plus évidentes, a peut-être le sommet des feuilles moins aminci et moins aigu. Les feuilles du *Q. humilis*, espèce montagnarde réduite à l'état d'arbrisseau ou de broussaille, forment une série parallèle et tout aussi variée. Il en est, par exemple, de très effilées et d'autres arrondies, ou élargies vers le haut et d'un contour général comparable à celui de mes fig. 8 et 9 ; mais les dents restent en moyenne plus incurvées, plus mucronées, parfois tout à fait spinescentes.

Parmi les autres chênes du même groupe qui se rapprochent de mon chêne fossile, je citerai le *Q. infectoria*, de l'Asie-Mineure, qui d'ailleurs se confond presque avec le *lusitanica*, le *Q. petiolaris* Boiss., du Taurus, le *Q. Libani*, le *Q. Mirbeckii*, de la Kabylie. Ce dernier a des feuilles plus amples, volontiers élargies à leur milieu ou près de leur sommet, des nervures droites dont le nombre s'élève à 13-15 paires, des lobes toujours simples et peu développés, mais plus arrondis que ceux du *Q. lusitanica* et s'accentuant en général dès la base du limbe ; la pointe apicale est plus prononcée que dans la plupart des chênes du Portugal. Il y a donc là une physionomie un peu différente, mais dérivant à coup sûr d'un même type, et vers laquelle d'ailleurs quelques spécimens provenant de Gibraltar m'ont paru établir un passage insensible. Je pourrais signaler encore, comme ayant une certaine analogie avec mes empreintes, le *Q. crispula* Blum, du Japon ; mais j'en éloignerai davantage le *Q. alpestris*, que l'on rapproche aujourd'hui des chênes fossiles du Cantal, ainsi que les diverses formes indigènes du *Q. Robur* L., qui ont des lobes foliaires beaucoup plus développés, parfois bifurqués, le sommet plus arrondi, la nervation plus irrégulière [1].

---

[1] J'ai souvent observé sur les feuilles de nos *Q. sessiliflora* et *pedunculata* des nervures secondaires inégales et non parallèles ; souvent entre deux nervures fortes et qui se rendent aux sommets des lobes correspondants, on en voit une née sous un angle plus ouvert et se terminant par une bifurcation vis-à-vis du sinus interlobaire. Ce caractère ne se retrouve guère dans les feuilles du groupe *infectoria* ou *lusitanica* et dans mes feuilles fossiles.

Que les feuilles des chênes comptent parmi celles dont la variabilité est la plus grande, c'est un fait d'observation vulgaire que j'ai constaté bien des fois sur les *Q. pedunculata* Ehrb., *sessiliflora* Sm., *Ilex* L., et nous venons de voir que le *Q. lusitanica* ne le cède en rien, à cet égard, à ses congénères français. Comme d'autre part, parmi mes feuilles fossiles, les formes extrêmes sont reliées entre elles par de nombreux intermédiaires, je suis conduit à les grouper toutes sous un même nom spécifique ; mais les divergences sont ici plus tranchées et plus considérables que chez le hêtre, ou même que chez l'aulne. Il convient donc de distinguer trois variétés :

1°	*Q. hispanica*	*genuina*	(assez commune)	(fig. 1-2).
2°	—	*cuspidata*	(assez rare)	(fig. 5).
3°	—	*expansa*	(commune)	(fig. 8-9).

La première de ces formes est la plus voisine du *Q. lusitanica ;* elle passe par transition à la seconde, qui la relie peut être au groupe du *Q. Ilex*, et d'autre part à la troisième, qui accuserait plutôt quelque tendance vers le groupe *Robur*, mais cependant s'allie de plus près par sa nervation et ses formes au *Q. Mirbeckii*. Quel degré de fixité avaient acquis ces variétés et constituaient-elles des races plus ou moins indépendantes ? Il ne me semble pas qu'on puisse se prononcer sérieusement sur cette question, puisqu'on voit sans cesse, et parfois sur un même pied, se produire des variations plus grandes dans les formes foliaires, tandis qu'en d'autres cas il serait impossible de distinguer, d'après des feuilles isolées, deux espèces actuelles pourtant bien caractérisées à d'autres égards[1].

Toujours est-il que jadis, outre quelques arbres ou arbustes de même genre moins répandus, croissaient en abondance près des lacs de Cerdagne des chênes au feuillage plus ample, sans

---

[1] J'ai lieu de croire que des personnes autorisées seront tentées d'attribuer à plusieurs espèces de chênes les feuilles que figure la Pl. VI. Sans nier qu'ils puissent être dans le vrai, j'estime, tout bien pesé, que les preuves suffisantes manquent et qu'il vaut mieux, dès lors, être plus réservé.

doute aussi aux proportions plus majestueuses. Ces chênes, que les causes habituelles d'évolution tendaient à diversifier, nous retrouvons aujourd'hui la plupart de leurs traits dans un groupe méridional. La parenté est des plus frappantes ; nul doute que ces formes voisines, dispersées de l'Espagne à l'Algérie et à l'Asie-Mineure, aient eu, plus au Nord et à une époque antérieure, un ancêtre commun, auquel il est naturel de rapporter les empreintes de Cerdagne. L'ancien type pyrénéen, subissant la même loi que tant d'autres espèces tertiaires, aurait émigré peu à peu vers le Sud sous l'influence de l'abaissement de la température depuis le début des temps pliocènes [1].

I. Quercus sp.

(Pl. IX, fig. 5.)

Diagnose. — Q. foliis subcoriaceis, basi apiceque obtusis, margine integerrimis, nervo medio validissimo, nervis secundariis crebris, sub angulo variabili, plerumque aperto egredientibus, secus marginem arcuato-conjunctis.

Rare.

Bien qu'il manque à la feuille représentée par la fig. 5 presque toute sa moitié supérieure, elle me semble indiquer clairement une espèce à part. Tout, dans son aspect, sa nervation, la forme de sa base, dénote un chêne. Peut-être pourrait-on songer à un figuier ; mais les nervures inférieures nées sous un angle très ouvert, les arcs terminaux des nervures secondaires assez distants de la marge, l'état probable de la surface, qui a dû être modérément coriace et sans rudesse, écartent cette hypothèse. Il s'agit d'un chêne à feuilles entières, régulièrement elliptiques-

---

[1] Il existe dans la vallée de la Llosa, à deux pas de Bellver, quelques chênes qui ne paraissent pas appartenir à la section *Robur* et qui se rapprochent du *Q. lusitanica* ; n'ayant pu voir que des feuilles, je ne saurais déterminer exactement l'espèce. Ce fait n'infirme nullement les conclusions ci-dessus. Il indique seulement que le domaine actuel des chênes méridionaux auxquels se rattachent mes empreintes remonte encore à la rigueur, à travers l'Espagne, jusqu'au pied des montagnes qu'habitaient jadis leurs ancêtres.

oblongues, à pétiole et nervure médiane d'une grande épaisseur,
nervures secondaires nées en général sous un angle assez ouvert,
mais non toujours parallèles, repliées en arc le long des bords,
entremêlées de nervures plus faibles et plus courtes.

Les chênes « à feuilles de saules » à nervures nombreuses et
bord entier ne sont pas rares à l'état fossile. On peut citer comme
offrant quelques traits communs avec mon espèce pyrénéenne, le
Q. Heerii Al. Br. ; mais la base est atténuée, et les nervures, alternativement fortes et faibles, semblent toutefois plus régulièrement espacées. Le Q. chlorophylla Ung. a des nervures secondaires plus faibles ; le Q. neriifolia Al. Br. [1], plus étroit, allongé
et acuminé, s'éloigne davantage, et je ne trouve pas de similitude
très prononcée avec le Q. advena Sap. [2] et autres chênes à bord
entier du miocène méridional. Parmi les espèces vivantes, je
citerai le Q. Pfæffingeri Kotsch. [3], de l'Asie-Mineure, le Q. virens
Ait., de Californie ; mais les feuilles de ce dernier que j'ai pu
observer sont relativement grêles, étroites, et comme dans le
Q. Heerii, plus atténuées à la base et à nervation plus régulière.
Je crois pouvoir conclure que la Cerdagne tertiaire a possédé un
chêne à feuilles entières, ne rentrant pas dans les coupes spécifiques déjà établies [4].

8. QUERCUS WEBERI, HEER.
(Pl. IX, fig. 6-7.)

Diagnose. — Q. foliis parvulis, breviter gracilèque petiolatis,

---

[1] Pour ce chêne et les précédents, v. Heer ; *Fl. tert. Helvetiæ*, II, Taf. LXXIV
et LXXV.

[2] De Saporta ; *Études sur Vég. S.-E. France.*

[3] Th. Kotschy ; *Die Eichen Europas und Orients.*

[4] Les chênes lobés, il est vrai, présentent quelquefois, sur les jeunes rejets ou
en d'autres circonstances, des feuilles tout à fait entières : les nervures se replient
alors en arcs marginaux ; mais j'ai bien constaté sur les Q. prinos, Mirbeckii, etc.,
qu'elles conservent leur disposition générale et leur mode d'origine, de sorte que
la feuille demeure reconnaissable. Or, celle dont je viens de parler et les quelques
fragments qui l'accompagnent ont une nervation peu en harmonie avec celle du
Q. hispanica, et il n'est pas vraisemblable qu'elles en représentent des modifications accidentelles.

lanceolato-linearibus, basi rotundatis, apice acuminatis, totaliter
vel supernè margine denticulatis, nervis secundariis crebris,
arcuatim conjunctis vel in dentes, quùm adsunt, productis.

Assez commun.

Je rattacherai à l'espèce désignée par Heer sous le nom de
Q. Weberi[1] de petites feuilles grêles et minces, parfois un peu
flexueuses, toujours acuminées et à base arrondie, avec un fin
réseau nervillaire et un bord denticulé, à dents aiguës ou un peu
obtuses, dents qui assez fréquemment manquent dans la moitié
inférieure. Dans les spécimens provenant de Suisse, la base est
quelquefois atténuée, quelquefois aussi la feuille s'élargit vers le
bas ou perd tout à fait ses dentelures ; mais ces divergerces accidentelles ne motivent pas une séparation de mes feuilles sous un
nom spécial. Ces dernières ressemblent aussi au *Q. lonchitis* Ung.[2],
au *Q. drymeja* Ung.[3], mais restent en moyenne plus minces, plus
petites et, en somme, plus différentes, surtout si l'on consulte
les figures données de ces espèces, non par Unger ou Gaudin,
mais par Heer[4]. Parmi les feuilles vivantes, celles du *Q. phellos*
me semblent assez voisines. Enfin, j'ai eu d'abord la pensée de
les attribuer au g. *Myrica* ; mais la nervation est plus conforme à
celle des chênes, tandis que d'autre part, dans le groupe que je
viens de nommer, la base s'amincit presque toujours ou devient
même décurrente.

SALICINÉES.

1. POPULUS TREMULA, L. (PLIOCENICA).

(Pl. IX, fig. 8.)

Diagnose. — P. foliis rotundatis, margine totaliter sinuato-
crenatis, apice parùm productis, nervis primariis basilaribus

---

[1] Heer : *Fl. tert, Helv*, III, pl. CLI, fig. 7-10.

[2] Unger ; *Fl. von Kumi*, Taf. V.

[3] Gaudin ; *Contrib. à la fl. foss. italienne*, 2e mémoire, dans *Soc. Helv. Sc.
Nat.*, vol. XVII, pl. IV, figures diverses et notamment fig. 3 (*Q. drymeja*, var.
Mandraliscæ).

[4] Heer ; *Fl. tert. Helv.*, II, Taf. LXXVIII et LXXV.

extùs ramosis, secundariis è medio ortis alternis vel oppositis,
arcuatim conjunctis, tertiariis cùm venulis rete minutum efformantibus.

Assez rare.

La flore fossile de Bellver comprend deux peupliers dont les
feuilles, parfois conservées dans leurs moindres détails, ne sont
pas d'ailleurs très abondantes. Sans doute ces arbres recher-
chaient moins le voisinage des eaux que ne le font la plupart de
leurs congénères, et en effet il en est ainsi de nos jours, au moins
pour l'un d'eux, le *P. tremula*. Chose remarquable, l'un et l'autre,
au lieu de se modifier ou d'être éliminés de l'Europe centrale,
comme beaucoup de leurs compagnons d'existence, se sont
maintenus dans nos pays presque sans variations appréciables,
et le tremble notamment égaye encore de son souple et léger
feuillage les pentes des montagnes cerdanes.

Les feuilles que je rapporte à ce dernier type sont arrondies,
aussi larges, souvent même plus larges que longues ; sur presque
tout le pourtour, leur bord se festonne de grosses crénelures un
peu inégales, dont l'une, plus aiguë et légèrement plus saillante,
occupe le sommet du limbe. Les nervures primaires latérales
naissent de la base, formant avec la médiane des angles assez aigus,
sont bien ramifiées sur leur côté extérieur et, après avoir envoyé
à la crénelure correspondante un rameau plus ou moins fort,
se reploient vers le haut et s'unissent aux nervures secondaires
de la première paire, qui à leur tour se comporteront de même
avec celles de la paire suivante. Outre les nervures secondaires
bien développées, qui sont peu nombreuses, il peut naître çà et
là, de la côte médiane, des branches plus faibles, qui se perdent
de bonne heure dans le réseau nervillaire. Celui-ci, très délicat,
comprend de grandes mailles de premier ordre plus ou moins
perpendiculaires aux nervures secondaires et une infinité de
mailles polygonales. Tous les détails de cette nervation offrent
les caractères propres au g. *Populus* et, joints à l'aspect général,
indiquent une espèce de la section des trembles [1].

---

[1] La fig. 7 représente une feuille que j'ai choisie à cause du bon état de conser-

Plusieurs espèces fossiles, d'ailleurs très voisines, appartiennent à cette section, mais elles diffèrent de mes feuilles plus que celles-ci ne s'éloignent des formes actuelles du même groupe. Le *P. heliadum* Ung., découvert d'abord dans le miocène du centre de l'Europe, puis retrouvé par Gaudin en Italie, a des feuilles larges, mais subquadrangulaires [1] ; le *P. Aeoli* Ung., de Parschlug, se distingue par son très long pétiole et ses dents plus aiguës, plus courbées vers le haut; le *P. Richardsoni* H., des régions polaires, par son sommet plus acuminé ; le *P. tremulæfolia* Sap., des argiles de Marseille, par ses nervures latérales primaires plus ascendantes et rapprochées de la médiane et par ses crénelures moins fortes [2]. Comparées aux feuilles du *P. tremula* actuel de Cerdagne, mes empreintes sont parfois à peu près exactement semblables et parfois, il est vrai, un peu plus élargies, plus épaisses aussi et à pétiole moins fin ; je crois devoir les réunir à l'espèce vivante en ajoutant seulement la mention *pliocenica*, comme l'a fait M. de Saporta pour le tremble qui habitait, un peu plus tard sans doute, mais dans des conditions analogues d'altitude et de climat, les pentes du volcan du Cantal [3].

2. POPULUS CANESCENS, SM. (PLIOCENICA).

(Pl. IX, fig. 9.)

Diagnose.— P. foliis subdeltoïdeis, basi rotundatis, apice acuminatis, margine partialiter sinuato-crenatis, nervis primariis lateralibus extùs ramosis, secundariis arcuatim conjunctis, tertiariis cùm venulis rete minimum efformantibus.

Assez rare.

---

vation de ses nervures, mais à laquelle manque le pétiole. Sur d'autres spécimens on peut constater qu'il était assez long et grêle ; il en était de même de celui du *P. canescens.*

[1] Gaudin et Strozzi ; *Contrib. à la fl. foss. italienne,* 6e mémoire (*Soc. Helv. Sc. Nat.,* vol. XX), pl. II, fig. 15.

[2] De Saporta ; *Étude sur Vég. S.-E. France,* III, 2e partie, pl. III, fig. 4.

[3] La fig. 7 (Pl. XI.) représente très probablement une feuille d'un jet gourmand; cette circonstance suffit à expliquer les particularités assez notables que présente son contour.

Le second peuplier de Cerdagne avait des feuilles moins orbiculaires, plutôt subdeltoïdes, à base arrondie, sommet plus aigu et prolongé, bords crénelés seulement en partie ; les dents, subégales, ne sont de chaque côté qu'au nombre de trois ou quatre. Ces légères nuances donnent à l'espèce une physionomie distincte, plus voisine de celle du *P. alba* L., qui toutefois est subtrilobé, a une base plus tronquée, des nervures primaires latérales plus fortes. En somme, il s'agit du *P. canescens* Sm., intermédiaire entre les *P. tremula* et *alba*, cultivé et subspontané dans nos pays, et qui vivait aussi à Ceyssac à l'époque pliocène. C'est du premier surtout que se rapproche le peuplier des terrains pliocènes d'Italie, réuni au *P. leucophylla* Ung. par Gaudin, à tort selon d'autres auteurs ; au contraire, les *P. leucophylla* Ung. (miocène supérieur de Styrie, Freyberg, Gleichenberg), *Bianconi* Mass. (Sinigaglia) et *alba pliocenica* Sap. (Meximieux) représentent, à travers la série des temps tertiaires, la marche du type bien connu du *P. alba*, répandu de nos jours sur tous les bords de la Méditerranée jusqu'au Caucase, en Perse et aux Indes.

PLATANÉES.

1. Platanus sp.

(Pl. X, fig. 1.)

Diagnose. — P. foliis firmis, trilobatis, lobis valdè productis, angustis, acutis, remotè denticulatis, dentibus acutis versùs apicem curvatis, nervis secundariis è primariis sub angulo variabili egredientibus, curvatis, plerùmque arcuato-conjunctis.

Très rare.

La feuille que représente la fig. 1, unique et par malheur incomplète, doit un aspect assez étrange à ses trois lobes terminaux aigus, très étroits relativement à leur longueur et séparés par des échancrures inégales. Bien que la base manque totalement et eût pu fournir ici de bons caractères, l'attribution au g. *Platanus* me semble reposer sur des motifs sérieux. Tout ce

qu'il est possible de voir s'accorde avec cette opinion : l'apparence générale, qui indique une surface unie et une texture assez
ferme, la disposition et le mode de terminaison des nervures,
surtout la forme des dents, rares, courtes, très aiguës et recourbées vers le haut. L'inégalité des deux grandes échancrures interlobaires se retrouve sur une feuille fossile provenant de Ménat
(Auvergne), que j'ai eu l'occasion d'observer et que M. de Saporta classe parmi les platanes sous le nom de *P. Schimperi*. A
l'époque miocène et mio-pliocène, le *P. aceroides* Goepp. était
très répandu, depuis le Groenland jusqu'à Œningen, Schossnitz,
Sinigaglia et Meximieux ; jamais cependant je n'ai vu ses nombreuses variétés figurées revêtir un aspect aussi grêle et aussi
allongé. Peut-être cette forme, de même que d'autre part les
petites formes ramassées de Meximieux ou d'autres localités,
indique-t-elle un type en voie de déclin, destiné à bientôt disparaître.

ULMACÉES.

1. Zelkova crenata, Spach.

(Pl. IX, fig. 10-11.)

Diagnose. — Z. foliis distichis, brevissimè petiolatis, basi plerùmque inæqualibus, ovatis vel ovato-lanceolatis, æqualiter
serrato-crenatis, dentibus simplicibus, nervis secundariis 7-12 ;
fructibus parvulis subglobosis.

Commun.

Il n'existe, à ma connaissance, aucune trace d'ormes proprement dits dans la flore tertiaire de Cerdagne ; mais la famille des
Ulmacées y est représentée par le g. *Zelkova* ou *Planera*[1], dont
les empreintes sont très nombreuses et parfaitement reconnaissables. J'avais d'abord attribué toutes ces empreintes au *Z. Un-*

---

[1] Ces deux appellations génériques sont employées indifféremment. Schimper,
par exemple, écrit *Planera Ungeri* Ett. et M. de Saporta *Zelkova Ungeri* Ett.
Il ne peut être question d'adopter l'une pour l'espèce fossile, l'autre pour l'espèce
vivante, car ce sont deux formes à peine distinctes spécifiquement,

geri Ett., espèce fossile bien connue, qui a vécu longtemps dans les régions les plus variées de l'Europe miocène et mio-pliocène; l'étude de la flore fossile du Japon, publiée par M. Nathorst, me conduit maintenant à penser que deux espèces, voisines d'ailleurs et susceptibles peut-être de se mêler par hybridation, ont dû vivre côte à côte dans les anciennes forèts pyrénéennes. L'une d'elles reste intimement alliée au **Z**. *Ungeri*, tandis que l'autre doit être rapprochée d'une forme aujourd'hui reléguée dans l'Extrême-Orient.

La première espèce est représentée par des feuilles, des rameaux feuillés et un rameau fructifère. Le pétiole n'a généralement que 1-3 millim. de longueur, tandis que souvent il atteint ou même dépasse 1 centim. dans les feuilles figurées par Heer sous le nom de *Planera Ungeri*[1]; mais Schimper dit qu'il peut aussi se réduire à rien, la feuille devenant sessile, et je ne vois en tout cela que des nuances différentielles sans portée, n'excédant pas les limites de la variabilité inhérente à cette espèce. Le contour du limbe est ovale-oblong, les nervures secondaires sont peu nombreuses, leur mode de terminaison et la forme des dents offrent les caractères connus du genre, sur lesquels je ne crois pas utile d'insister. Rien n'indique le *P. emarginata*, espèce voisine distinguée par Heer. Quant aux fruits, l'un d'eux est un peu plus gros que ceux attribués par cet auteur au *P. Ungeri*.

C'est sur une différence de taille semblable dans ces derniers organes et sur quelques autres nuances imperceptibles que l'on se fonde pour séparer de l'espèce miocène, sous le nom de *Z. crenata* Spach (*Planera Richardi* Michx), une forme qui n'en est sans doute que le prolongement direct et qui vit de nos jours sur les confins de l'Europe, en Perse, au Caucase, dans l'île de Chypre. Unger et M. de Saporta rattachent de préférence à cette dernière forme les empreintes fossiles de Koumi et du Cantal. Je ferai de même pour les empreintes de Cerdagne, tout en estimant que les différences signalées ici sont bien légères, difficiles à

---

[1] *Fl. Tert. Helv.*, II, pag. 60, Tab. LXXX.

apprécier avec certitude, et partant n'ont qu'une minime valeur.

2. ZELKOVA SUBKEAKI, nova sp.

(Pl. IX, fig. 12-14.)

Diagnose. — Z. foliis magnis, breviter petiolatis, basi plerùmque inæqualibus, truncato-rotundatis vel etiam cordatis, ovatis latèque ovatis, apice longè acuminatis, æqualiter serrato-crenatis, dentibus magnis simplicibus, nervis secundariis 7-13, quandoque furcatis.

Commun.

La seconde espèce de *Zelkova* n'est représentée que par des feuilles isolées, mais elles sont belles et nombreuses. Le type moyen (fig. 12) offre un pétiole long d'un centimètre, un limbe plus grand que celui de l'espèce précédente (8-9 centim. de long sur 3-4 1/2 de large), une nervure médiane forte, des nervures secondaires assez espacées, droites, quelquefois bifurquées et donnant très souvent naissance, près du bord et sur le côté inférieur, à un petit rameau tertiaire qui va se terminer au sommet de l'angle rentrant interdentaire ; ce dernier caractère, commun aux ormes et aux *Zelkova*, est bien accusé. Les dents marginales sont grosses, souvent recourbées vers le haut et mucronulées. Les traits spécifiques les plus constants se rapportent à la forme de la base, qui est brusquement arrondie ou même cordiforme, et à celle du sommet, presque toujours prolongé en une longue pointe. L'inégalité de la base, à peu près nulle dans la figure 12, est souvent plus prononcée. Les figures 13 et 14 représentent des modifications remarquables du type dont je viens d'esquisser la physionomie habituelle ; la force de la nervure médiane, l'inégalité de la base et la largeur générale du limbe s'exagèront, tandis que les dents arrondissent leur contour, émoussent leur pointe, mais les traits les plus caractéristiques du genre et de l'espèce persistent.

Dans sa flore fossile du Japon[1], M. Nathorst décrit un *Z. Keaki*

---

[1] A. G. Nathorst ; *Bidrag till Japans fossila flora*, Taﬂ. X. (La ﬁg. 3 est sur-

fossilis, qu'il rattache au *Z. Keaki* Sieb., vivant actuellement dans les forêts du même pays. En comparant avec mes empreintes quelques feuilles de l'arbre japonais actuel et les nombreuses figures que donne M. Nathorst de sa variété fossile, je suis amené à conclure que les premières ne s'éloignent des autres par aucun caractère sérieusement appréciable. Dès lors il est logique d'admettre, malgré l'énorme distance qui sépare les Pyrénées de l'Asie orientale, qu'elles appartenaient à une espèce très analogue. Si, comme les travaux de Heer et de M. de Saporta tendent à l'établir, beaucoup de formes végétales ont eu le pôle Nord pour point de départ et centre de rayonnement lors de leurs migrations à l'époque tertiaire, le phénomène des espèces disjointes devient fort explicable. Deux formes presque identiques peuvent se rencontrer en des points très éloignés, aux deux extrémités de l'ancien continent, par exemple, sans qu'il existe entre elles aucun lien et sans qu'il y ait lieu cependant de s'en étonner outre mesure ; ce sont deux branches divergentes nées d'un même tronc et qui, ayant rencontré de part et d'autre des milieux semblables, ont effectué leur évolution d'une façon sensiblement parallèle. Des exemples analogues sont fournis par d'autres groupes de plantes : l'*Acer lætum,* dont il sera question plus bas, est un type qui, très répandu jadis en Europe, l'était aussi vers la même époque au Japon et persiste de nos jours, sous des aspects légèrement diversifiés, dans plusieurs régions de l'Asie orientale. D'ailleurs le type japonais du g. *Zelkova* n'a pas dû, à l'époque miocène ou pliocène, être représenté uniquement dans les Pyrénées.

On pourrait sans doute rattacher à ce type plusieurs des feuilles inscrites sous le nom de *Pl. Ungeri* et provenant des localités les plus diverses de l'Europe [1]. Ainsi, parmi les feuilles de Koumi

---

tout bien caractéristique ; la fig. 6 rappelle en petit la déviation large du type normal, dont ma fig. 13 représente un superbe spécimen. A en juger par les gravures de l'ouvrage suédois, mes feuilles de Cerdagne, un peu plus grandes en moyenne que celles du Japon, ont une nervation mieux conservée.)

[1] M. Nathorst exprime une opinion analogue.

figurées par Unger [1] et celles de Sinigaglia décrites par Massalongo [2], il en est dont la base arrondie ou en cœur et le sommet
acuminé rappellent beaucoup le *Z. Keaki*. Sans doute la ligne de
démarcation entre les deux espèces fossiles est parfois difficile à
tracer ; mais lorsqu'on dispose, comme en Cerdagne, d'une grande
quantité d'empreintes excellentes, en ne s'attachant qu'aux
mieux caractérisées et en les mettant en regard des feuilles
vivantes des deux types, on s'habitue vite à distinguer le contour
elliptique des unes, largement arrondi et longuement acuminé
des autres, et l'on demeure convaincu que deux *Zelkova* vivaient
côte à côte sur le sol de l'Europe mio-pliocène.

MORÉES.

1. Ficus sp.

(Pl. X, fig. 2-3.)

Diagnose. — F. foliis crassè petiolatis, ovatis, basi cordatis,
apice attenuatis, margine subintegris, penninerviis, nervis secundariis inferioribus sub angulo acutiore egredientibus, omnibus
vel ferè omnibus arcuato-conjunctis.

Très rare.

Il est peu de genres dont les feuilles soient plus variables que
celles des figuiers : pennées ou palmées, lobées ou entières,
elles peuvent revêtir des apparences propres à des genres très
divers, souvent même différant beaucoup entre elles dans une
même espèce, sur un même pied. Il convient de n'attribuer des
feuilles fossiles au g. *Ficus* qu'avec réserve, du moins lorsqu'on
n'a pas été assez heureux pour découvrir des vestiges du fruit.

Telle est cependant l'attribution générique qui me semble
préférable à toute autre pour deux ou trois feuilles dont la plus
remarquable (fig. 2) a un pétiole épais, renflé même très sensiblement vers la base au point de départ des deux nervures

[1] *Die foss. Fl. von Kumi*, Taf. IV, fig. 16.
[2] *Fl. foss. Senog.*, Tav. 21.

secondaires inférieures, ces dernières étant en outre beaucoup plus obliques que les suivantes. Les caractères que je viens d'indiquer se présentent fréquemment chez les figuiers à feuilles penninervées ; je les ai maintes fois observés, soit sur notre *Ficus carica* indigène, en Roussillon et en Provence, soit sur de belles feuilles de *F. religiosa* et *Benghalensis*, provenant de Cochinchine, soit enfin sur les figures de figuiers fossiles données par divers auteurs. Il est vrai que si ces caractères sont très habituels aux figuiers, ils ne leur sont pas spéciaux et peuvent se rencontrer ailleurs. D'autre part, l'empreinte que je décris semble dénoter une surface rude et épaisse, ses bords sont grossièrement crénelés ou presque entiers, ses nervures sont reployées en arcs le long des bords ; tout ceci s'accorde avec l'hypothèse d'un figuier. Malheureusement la plupart des détails de la nervation ne sont pas perceptibles[1].

C'est avec plus de doute que j'attribuerai au g. *Ficus* la feuille reproduite par la fig. 3. Cependant, outre les caractères précédemment signalés et relatifs aux nervures de la paire inférieure, elle offre une nervation bien conservée et dont les arcs marginaux plats, voisins de la marge, rappellent assez bien ceux de certains figuiers ; mais il n'y aurait rien d'impossible à ce qu'elle se rapportât, par exemple, au g. *Viburnum*, dont les espèces fossiles sont nombreuses à Sinigaglia et dans d'autres localités contemporaines.

---

[1] On sait que le *F. carica* présente deux formes de feuilles : les unes sont profondément lobées, les autres entières, et naturellement il y a des intermédiaires entre ces extrêmes. Ces deux formes, déjà très vivement accusées lorsque la feuille sort à peine du bourgeon, coexistent souvent sur le même pied, rarement sur le même rameau, et la première est de beaucoup la plus fréquente. Bien que la seconde soit parfois très semblable à celle de ma feuille fossile, il y aurait grande témérité à relier une espèce dont la connaissance repose sur des spécimens très rares et assez imparfaits à notre figuier européen. Ce dernier semble avoir apparu tardivement en Europe ; on ne l'a trouvé jusqu'ici que dans des tufs quaternaires, à Moret, à Castelnau près Montpellier (G. Planchon ; *Études sur les tufs de Montpellier*, pag. 44 et pl. III), et en Toscane ; d'autres *Ficus* vivaient antérieurement en Provence et sont sans doute les ancêtres de celui de Cerdagne.

LAURINÉES.

1. PERSEA sp.

(Pl. X, fig. 4.)

Diagnose. — P. foliis subcoriaceis, oblongis, utrinque breviter attenuatis, margine integris vix undulatis, nervo medio valido, nervis secundariis sub angulo variabili emissis, secùs marginem areolatis, tertiariis subflexuosis cùm venulis rete minimum subquadrangulum efformantibus.

Rare.

Les laurinées proprement dites n'étaient peut-être pas d'une rareté extrême dans la Cerdagne tertiaire. J'ai recueilli divers fragments de feuilles qui doivent appartenir à ce groupe ; toutefois, ils sont trop incomplets pour servir de base à une détermination, sauf un beau spécimen reproduit par la fig. 4.

La feuille dont je parle accuse une consistance ferme plutôt que vraiment coriace et mesure 8^{cm} 1/2 de long sur 3^{cm} 1/2 de large ; le pétiole a en plus 8 millim. Le bord est parfaitement entier et très légèrement ondulé ; la forme du limbe, oblongue-lancéolée, atténuée, obtuse aux deux extrémités, la plus grande largeur occupant la région moyenne. Sur les côtés d'une nervure médiane saillante, mais assez mince, sont disposées neuf ou dix paires de nervures secondaires, émises sous des angles variés, mais en général assez ouverts, droites, puis recourbées et ascendantes le long des bords, repliées en arc et réunies à l'aide de mailles successivement décroissantes ; la première paire est la plus oblique. Des nervures abrégées, nées sous des angles très ouverts, courent çà et là dans les intervalles inégaux qui séparent les précédentes. Des nervures tertiaires un peu flexueuses, simples ou ramifiées, se dirigent transversalement, et entre elles les petites veinules forment un réseau des plus délicats, à mailles quadrangulaires ou polygonales fort bien conservées.

L'ensemble de ces caractères est conforme à ce que l'on observe chez les *Persea*, sans que ma feuille puisse cependant être assimilée à l'une ou l'autre des races ou espèces de ce groupe décrites jusqu'ici à l'état fossile. En l'absence de fruits, de pédicelles floraux ou de périanthes, il est vrai, l'attribution au g. *Persea* de préférence au g. *Laurus* ne peut reposer que sur des probabilités ; elle me semble être la plus plausible. J'ajouterai que si l'obliquité des nervures de la paire inférieure décèle souvent un figuier, on ne saurait l'admettre ici, car la forme, l'aspect général, la courbure et la situation des arcs terminaux des nervures secondaires indiquent une laurinée.

Le genre *Persea*, voisin du g. *Laurus*, est aujourd'hui confiné dans l'Amérique du Nord et dans les îles de l'Afrique occidentale; mais il a longtemps habité l'Europe, où ses diverses formes fossiles, intimement alliées entre elles, peuvent néanmoins se répartir en deux séries. D'une part, les *P. typica* Sap., d'Armissan, *græca* Sap., de Koumi, *amplifolia* Sap., de Meximieux, différant entre eux par le simples nuances, représentent à des périodes successives et en des localités assez distantes le type du *P. indica* Spr., actuellement vivant aux Canaries, à Madère, même aux Açores et en Portugal. D'un autre côté, on peut rattacher les *P. superba* Sap., de Manosque, *Braunii* H., d'Œningen, *carolinensis* Nees (var. *assimilis*), de Meximieux, aux types actuels américains, *P. carolinensis* Nees et *P. gratissima* Gœrtn Il y a entre ces deux séries voisines des points de contact et des passages. M. Heer, par exemple, après avoir rapproché son *P. Braunii* des *P. gratissima* et *carolinensis*, dit qu'il s'allie également au *P. indica* ; selon lui, il y aurait parenté entre la première et les deux dernières espèces [1].

Les espèces ou races du type *P. indica* se distinguent surtout par le grand nombre de leurs nervures ; il y en a 12 à 18 paires. Dans la seconde série, on n'en trouve guère que 7 ou 6, mais

---

[1] Voir, pour les divers *Persea* fossiles qui viennent d'être cités, les ouvrages de Heer et de M. de Saporta, notamment la *Flore tertiaire de Suisse*, les *Études sur les végétaux fossiles de Meximieux* et *Examen critique d'une collection de plantes fossiles de Koumi*. (*Ann. scient. de l'École normale supérieure.*)

c'est le *P. carolinensis* qui en a le moins, et, en outre, ses feuilles sont moins larges, son réseau veineux est peu saillant. Par le nombre de ses nervures, la feuille que je figure est intermédiaire aux deux groupes ; par sa forme générale et son réseau veineux bien apparent, elle offre peu d'analogie avec le *P. carolinensis* (var. *assimilis*). Au contraire, son aspect, son contour, le mouvement même de sa nervation, bien que celle-ci soit plus irrégulière et que les nervures soient plus nombreuses, la rapprochent du *P. Braunii*. L'espèce d'Œningen a pour analogue vivant le plus proche le *P. gratissima*, à feuilles larges et veines saillantes. Je ne remarque pas toutefois dans les figures du *P. Braunii*, données par Heer, les nervures abrégées qui sont, à mes yeux, un trait assez frappant de la feuille cerdane, et en même temps des *P. græca* et *amplifolia*, par exemple. De tout ceci, il résulte que la forme pyrénéenne a sa physionomie propre et a pu constituer une nouvelle race de ce groupe d'arbres ou arbustes élégants, variables, aujourd'hui réfugiés hors d'Europe ou sur l'extrême limite méridionale de cette grande région ; mais, n'ayant qu'une seule empreinte bien conservée, je ne crois pas devoir proposer un nom spécifique.

2. CINNAMOMUM POLYMORPHUM, HEER.

(Pl. X, fig. 5-6.)

Diagnose.— C. foliis ovato-ellipticis vel obovatis, triplinerviis, nervis lateralibus plùs minùsve suprabasilaribus, curvatulis, extùs ramoso-reticulatis, cùm secundariis infra apicem conjunctis.

Très rare.

La présence du camphrier parmi des végétaux qui, pour la plupart, lui sont rarement associés et ont des exigences différentes au point de vue du climat, peut passer pour une des particularités curieuses de la flore fossile de Bellver. Je n'ai recueilli de ce type, aujourd'hui tout à fait exotique, d'autres vestiges que deux petites feuilles, mais leurs caractères génériques ne laissent prise à aucun doute. Je crois pouvoir les rattacher au

C. polymorphum H., espèce d'ailleurs très variable, comme l'indique son nom, et qui a vécu en Europe jusqu'à la fin des temps miocènes. Dans le midi de la France, on la voit apparaître à Armissan, puis se développer à Manosque, à Marseille ; elle a été étudiée par divers auteurs. Il est à peu près évident que le camphrier de Cerdagne, isolé au milieu d'espèces envahissantes à affinités moins méridionales, se survivait à lui-même et était à la veille de disparaître ; ses deux uniques spécimens sont très grêles, et l'un d'eux, à sommet arrondi, peut être considéré comme une feuille atrophiée.

BUXACÉES.

1. BUXUS SEMPERVIRENS, L., var. CERETANA.

(Pl. X, fig. 7-8.)

Diagnose. — B. foliis coriaceis integris, sat brevè petiolatis, ellipticis vel lanceolatis, nervis secundariis crebris, tenuibus, subobliquis.

Rare.

Par ses feuilles persistantes et coriaces, le buis est encore un type d'aspect méridional, mais il n'a pas émigré comme le camphrier et bien d'autres, et il continue de contraster avec l'ensemble des végétaux qui l'environnent, dans les parties calcaires et montueuses de toute l'Europe. Quelques feuilles attestent son ancienne présence en Cerdagne. Elles ont en moyenne 25 millim. de long sur 8-12 de large ; le pétiole de l'une d'elles, le seul qui paraisse intact, n'a guère que 3 millim. Ces dimensions éloignent assez peu mon espèce du buis actuel, *B. sempervirens* L., dont les feuilles sont cependant relativement larges, plus ovales aussi et moins atténuées vers la base ; elles s'écartent davantage de celles du *B. pliocenica* Sap. et Mar., fossile à Meximieux, race ou espèce voisine, à feuilles plus larges encore et plus longuement pétiolées. Quant au buis de Mahon, *B. balearica* Wild., qui vit de nos jours dans une région peu distante de la Cerdagne, mais beaucoup plus chaude, ses feuilles sont plus amples et plus belles ; toutefois le pétiole court et la base atténuée pourraient indiquer quelque affinité avec mes empreintes. Autant qu'il est possible de se prononcer, en l'absence du fruit, d'après des feuilles peu nombreuses et en se basant sur des différences légères, je pense que le buis de Cerdagne se rattache plutôt à l'espèce commune, et, comme il diffère très sensiblement de la forme fossile de Meximieux, je suis conduit à le distinguer, à titre de variété, sous un nom différent de celui qu'on a donné à cette dernière.

SAPOTACÉES.

1. BUMELIA sp.

(Pl. XI, fig. 4.)

Diagnose. — B. foliis subcoriaceis, obovatis, apice emarginatis, margine integerrimis, nervis secundariis subtilibus, sub angulo circà 55° emissis, curvato-reticulatis.

Très rare.

La feuille que reproduit la fig. 4, par sa forme et tous les détails de sa nervation délicate, présente les caractères d'un groupe fort homogène, scindé pourtant en trois genres : *Bumelia, Sapo-tacites, Sideroxylon.* En la comparant aux feuilles fossiles décrites sous ces noms divers, je constate qu'elle ressemble notamment au *B. sideroxyloides* Sap. [1], qui vivait à une époque antérieure à Armissan ; toutefois elle est moins largement obovale, plus longuement atténuée à la base, et ses fines nervures secondaires naissent de la médiane sous un angle en moyenne moins aigu. Le pétiole paraît assez semblable. Le sommet est plus rétus et la base un peu inéquilatérale ; mais il se peut que ce soient là de simples variations individuelles. Le *B. sideroxyloides* ressemble lui-même au *B. oreadum* Ung., de Sotzka, mais ce dernier a des

---

[1] De Saporta ; *Études sur Vég. du Sud-Est de la France*, II, 2, pag. 284, pl. VIII, fig. 2. (Le *Sapotacites mimusops* Ett., rare à Armissan, plus répandu dans les terrains tertiaires de Suisse ou d'Allemagne, pourrait aussi être comparé à mon empreinte.)

feuilles plus petites, moins élargies au sommet, plus atténuées à la base. D'autre part, M. d'Ettingshausen décrit son *B. oblongifolia* comme ayant une forme un peu allongée et des nervures secondaires nées sous un angle assez ouvert [1]. Le même auteur a distingué sous le nom de *Sapotacites minor* une espéce à laquelle M. de Saporta rapporte, non sans quelque doute il est vrai, une feuille provenant des arkoses de Brives (Haute-Loire), feuille qui ressemble fort à la mienne ; pourtant la forme de la base diffère quelque peu [2].

En somme, une sapotacée vivait dans la Cerdagne tertiaire [3]. Il est naturel de voir dans la plus commune des trois espèces du même type qui croissaient à Armissan vers la fin de l'époque tongrienne son ancêtre direct ; toutefois les deux formes sont distinctes comme les deux époques, et, d'autre part, la forme cerdane n'est pas sans affinités avec d'autres, plus éloignées géographiquement. J'ajouterai que dans la nature actuelle divers *Bumelia* et *Sideroxylon*, tous exotiques, paraissent alliés de près aux espèces fossiles désignées, soit sous les mêmes noms génériques, soit sous celui de *Sapotacites*.

OLÉACÉES.

1. FRAXINUS sp.

(Pl. X, fig. 9-10.)

Diagnose. — F. samaris angustis, acutiusculis, tenuiter venosostriatis ; foliolis oblongis, basi rotundatis, apice attenuatis, margine integerrimis, nervis secundariis sat numerosis, secùs marginem arcuato-conjunctis.

Assez rare.

---

[1] Ettingshausen ; *Die eocene Flora des Monte Promina.* Wien, 1855, Taf. IX, fig. 2.

[2] *Tert. Flora von Häring*, pag. 62, Tab. XXI, et *Essai descriptif sur les plantes fossiles des arkoses de Brives.* Le Puy, 1878, pag. 47, pl. II, fig. 5.

[3] On pourrait aussi songer à une feuille de buis plus grande, un peu modifiée ; mais cette hypothèse me paraît moins plausible.

Un certain nombre d'empreintes de fruits prouvent l'ancienne existence d'un frêne aux environs de Bellver. Ces fruits étaient des samares longues de 31 à 35 millim., dont 12 ou 13 pour la nucule, et larges de 4 à 5, d'une largeur presque uniforme, la nucule étant à peine plus étroite que l'aile ; celle-ci était parcourue par des veines longitudinales délicates, dont une médiane plus accusée, et se terminait en pointe plutôt aiguë qu'obtuse. Parmi les samares de frênes fossiles à peu près de même époque, celles du frêne de Ceyssac m'ont paru plus élargies et obtuses au sommet, avec une nucule relativement moins forte, tandis que celles du *F. numana* Massal.[1], plus voisines des miennes, s'en distinguent encore par leur aile un peu courte et s'élargissant de la base au sommet d'une façon plus marquée ou tout au moins plus constante.

La détermination des feuilles que je propose d'attribuer au genre *Fraxinus* est moins sûre que celle des fruits. On pourrait aussi, par exemple, y voir des folioles de noyer. Toutefois la présence des samares, qui ne sont pas très rares, peut constituer un motif suffisant pour faire pencher la balance en faveur du frêne; il serait étonnant qu'aucune feuille n'ait été conservée, au moins en partie, lorsque plusieurs fruits nous sont parvenus dans un état excellent. En outre, le réseau nervillaire, à peine indiqué par places, a dû être fin, peu saillant, capricieux, caractères qu'il offre volontiers chez les frênes vivants, et on verra plus bas qu'un fragment de feuille assez différent peut être attribué à un noyer.

Les folioles du frêne cerdan auraient été étroites et longues, arrondies et un peu inégales à la base, un peu amincies de la base au sommet, pourvues d'un bord entier et de 11-12 paires de nervures secondaires repliées en arcs très rapprochés du bord. En général, les frênes ont la base plus atténuée, ou du moins prolongée en une petite pointe le long du pétiole, mais elle peut aussi être franchement arrondie ; la plupart ont le bord denticulé, mais il en existe un groupe à feuilles à bord entier, et c'est préci-

---

[1] *Syn. flor. del Senogall.*, Tav IX.

sément à lui qu'appartiennent les *Fr. americana* L., *Scheuchzeri*
H. *numana* Mass., espèces alliées dont la dernière vivait sous
la même latitude et à la même époque que mon arbre pyrénéen et
portait des fruits assez semblables. Les folioles du *Fr. numana*,
déjà plus grandes que celles du *Fr. Scheuchzeri*, le sont un peu
moins que les miennes et ont la base plus atténuée ; elles s'en
rapprochent par une texture un peu ferme ou même coriace.
Quant à celles du *Fr. gracilis* Sap., de Ceyssac, elles sont beaucoup plus grêles et d'un aspect tout autre.

TILIACÉES.

1. Tilia Vidalii, nova sp.
(Pl. X, fig. 11 et XI, fig. 1-2.)

Diagnose. — T. foliis latè ovatis, ad basim valdè cordatis,
apice breviter acutèque acuminatis, quandoque sublobatis, margine grossè denticulatis, nervis primariis 5-7, nervo medio penninervio, n. primariis lateralibus extùs ramosis, nervulis plerùmque simplicibus transversim decurrentibus ; fructu bracteam
majusculam, lingulatam, basi rotundatam, pedicellosque propè
capsulas inflatos præbente.

Assez commun.

Deux tilleuls à grandes et belles feuilles ont laissé dans les
argiles de Bellver des empreintes aisément reconnaissables et qui,
pour la première espèce, ne sont pas très rares et ont conservé les
moindres détails de leur nervation. Ce sont des feuilles longues
de 8 à 9 centim., larges de 7 à 8, à contour ovale, suborbiculaire ou légèrement divisé en 3 ou 5 lobes, constamment échancrées en cœur à la base, atténuées au sommet et terminées par
une petite pointe aiguë ; la base est égale ou un peu inégale et
son échancrure se montre fréquemment assez prononcée. Les
nervures primaires sont au nombre de cinq ou sept, parfois même
on pourrait en admettre huit (fig. 1) ; elles s'irradient en tous sens
à partir du sommet du pétiole. Le pétiole est quelquefois déjeté
de côté et peut atteindre une certaine épaisseur. La nervure mé-

diane, un peu flexueuse ou infléchie, est égale ou inférieure aux deux latérales les plus voisines et porte sur ses deux côtés des nervures secondaires opposées ou subopposées, ascendantes, quelque peu ramifiées elles-mêmes vers le haut et sur leur côté extérieur. Les nervures primaires latérales, au nombre de deux ou trois paires, sont d'autant plus fortes qu'elles sont plus rapprochées de la médiane et émettent, sur leur côté extérieur seulement, des ramifications nombreuses. Toutes ces nervures de premier, deuxième, troisième ordre, se rendent, en s'incurvant généralement un peu, aux dents marginales, qui sont un peu inégales, toujours aiguës et relativement fortes. On peut dire que l'espèce est surtout caractérisée par la multiplicité des nervures et le grand développement de la dentelure marginale. Quant aux nervilles, elles courent partout transversalement aux nervures, formant avec elles des mailles rectangulaires étroites ; elles sont assez rarement bifurquées.

Les feuilles dont je viens de tracer une description moyenne offrent beaucoup d'analogie avec celles du *T. argentea* Desf., par leur forme générale, le nombre et la disposition de leurs nervures, voire même la dentelure de leur bord ; celle-ci pourtant est moins prononcée dans la plupart des feuilles vivantes et la forme de chaque dent diffère un peu, les deux rebords étant moins arqués, moins semblables, par exemple, à ce qu'ils sont chez les ormes ou les *Zelkova*. Mes feuilles fossiles se rapprochent aussi de celles du *T. mandshurica* Mazimow., espèce qui habite la Mandchourie et quelques autres régions de l'Asie orientale, et dont j'ai pu examiner de beaux spécimens à pétiole épais, nervures nombreuses, dents un peu plus petites et plus aiguës, contour général suborbiculaire. Parmi les deux ou trois tilleuls qui vivent dans notre pays, c'est du *T. microphylla* Willd. que l'ancien arbre pyrénéen semble le plus voisin, du moins par la disposition des nervures ; mais peut-être le pétiole plus grêle, le contour plus régulièrement arrondi et la dentelure plus uniforme, plus serrée, habituellement moins forte, éloignent-ils de lui nos espèces indigènes. Enfin, le *T. americana* peut bien présenter de grosses crénelures, mais son aspect général est tout autre.

Les tilleuls fossiles sont peu nombreux. Dans une des plus anciennes publications paléophytologiques, Faujas de Saint-Fond rapporte au *T. arborea* une feuille provenant de Rochesauve, près Chomérac (Ardèche), qui se rapproche des miennes par la forme, la nervation et la dentelure. A Sinigaglia, Massalongo distingue plusieurs espèces, parmi lesquelles la plus importante est le *T. mastaiana*, mais je ne pense pas qu'il soit possible de les assimiler à celle de Cerdagne; à plus forte raison le tilleul que je décris doit-il être éloigné de celui de Meximieux et des cinérites du Cantal, qui appartient à un type tout à fait distinct et, comme on le verra dans un instant, répond à la seconde espèce pyrénéenne. Les feuilles dont il vient d'être question sont à peu près identiques à celles que l'on trouve dans le miocène supérieur de Montcharray (Ardèche), localité peu éloignée d'ailleurs du gisement exploité jadis par Faujas de Saint-Fond. J'ai pu examiner au Muséum de Lyon de beaux spécimens du tilleul de Montcharray; les dents marginales sont peut-être plus fortes encore que sur les spécimens pyrénéens, elles sont aussi un peu plus espacées et il n'y en a qu'une en général pour chaque nervure secondaire; mais l'aspect et l'ensemble des caractères sont assez conformes des deux parts pour qu'on puisse, ce me semble, ne voir ici qu'une seule et même espèce. Je la dédierai à M. L.-M. Vidal, auteur de travaux géologiques importants sur le nord-est de l'Espagne.

Outre ses feuilles, ce tilleul nous a laissé deux empreintes de groupes de fruits accompagnés de leur bractée. L'une d'elles est très bien conservée (Pl. X, fig. 11), tandis que l'autre offre des caractères un peu anormaux, sur lesquels il ne serait pas très prudent de s'appuyer. Sur la première, on voit une bractée longue de 5 centim., large de 1 centim., en forme de languette d'une largeur uniforme, arrondie à la base, à bord un peu sinué vers le haut, parcourue par des veines délicates et assez ramifiées; le pédoncule se détache vers le milieu et se divise en deux pédicelles un peu épaissis à leur sommet, portant chacun une nucule arrondie, peu ou pas acuminée, relativement grosse.

Je crois devoir rapporter cette empreinte au *T. Vidalii* et non à la seconde espèce de tilleul de Bellver, qui est plus rare et, on va le voir, peut s'identifier avec le *T. expansa* Sap.; les fruits du *T. expansa* sont connus et se distinguent par un aspect plus anguleux, plus comprimé, une pointe terminale obtuse. Dans le *T. argentea*, la nucule est plus atténuée au sommet; la bractée se sépare bien du pédoncule vers le milieu de sa longueur, mais elle s'atténue un peu à la base. Mon fruit fossile se rapprocherait encore de ceux du *T. vindobonensis* Stur., à bractée arrondie et insensiblement dilatée vers la base, et du *T. mexicana* Schl., à nucules de forme globuleuse. En somme, en réunissant les caractères du fruit à ceux des feuilles, je pense qu'on ne doit pas éloigner beaucoup le *T. Vidalii* du *T. argentea*; il pourrait très bien représenter l'ancêtre commun de cette espèce européenne et de la forme asiatique voisine, le *T. mandshurica*, dont les feuilles sont également argentées, au moins dans une certaine mesure, à la face inférieure.

2. TILIA EXPANSA, SAP.

(Pl. XI, fig. 3.)

Diagnose. — T. foliis quandoque maximis, latè ovatis, ad basim obliquè breviter cordatis, margine integris vel vix denticulatis, nervis primariis 5-7, nervo medio obliquè penninervio, nervos secundarios oppositos vel suboppositos emittente, nervis lateralibus extùs ramosis, tertiariis undique decurrentibus.

Rare.

Outre l'espèce précédente, vivait en Cerdagne un tilleul à feuilles plus grandes et plus larges encore, dont les empreintes fort incomplètes permettent cependant d'apprécier les caractères essentiels. Par l'absence de dents marginales, la forme de la base et l'ordonnance des principales nervures, il rappelle assez le *T. expansa* Sap., pour qu'on soit autorisé à ne pas l'en séparer. Ce type remarquable, bien décrit par MM. de Saporta et Marion d'après des spécimens meilleurs que les miens[1], a aujourd'hui totalement disparu de l'Europe, où il vivait vers les premiers temps pliocènes à Meximieux et dans le Cantal. Il est représenté dans la nature actuelle par quelques formes alliées qui habitent l'Amérique du Nord.

ACÉRINÉES.

1. ACER TRILOBATUM, AL. BR.

(Pl. XI, fig. 5.)

Diagnose. — A. foliis longè petiolatis, trilobatis vel subquinquelobis, lobis inæqualibus acuminatis, grossè inciso-dentatis, lateralibus sat patentibus.

Assez rare.

Parmi les nombreuses empreintes de feuilles d'érables que j'ai recueillies en Cerdagne, on peut signaler plusieurs spécimens comme offrant une ressemblance assez frappante avec l'*A. trilobatum* Al. Br., ce type miocène si répandu et qui a donné naissance à tant de variétés, parfois élevées au rang d'espèces. La feuille que reproduit la fig. 4, entre autres, ne me semble pas devoir être séparée, soit de l'*A. trilobatum* proprement dit, soit peut-être, en raison de ses dents profondes et subégales, de l'espèce ou variété voisine désignée sous le nom d'*A. grossedentatum* H. Le pétiole est long, plutôt épais que fin ; le limbe se partage en trois lobes principaux, acuminés, bordés de grosses dents assez espacées et un peu inégales, toujours aiguës ; le lobe moyen est un peu plus développé, les latéraux divergent presque à angle droit. Il existe inférieurement des ébauches de 4e et 5e lobes, fait qui se présente de temps à autre sur les feuilles de l'*A. trilobatum* [2].

---

[1] *Études sur les végétaux fossiles de Meximieux (Arch. du Mus. de Lyon, I).*

[2] Les autres feuilles, un peu moins nettes, sont en général petites et simplement trilobées.

2. ACER DECIPIENS, AL. BR.

(Pl. XII, fig. 1.)

Diagnose. — A. foliis parvulis, nitidis, trilobatis, lobis integerrimis, apice acutis vel obtusis, lateralibus plùs minùs patentibus,
sinubus acutis vel obtusis.

Rare.

Voici encore une espèce bien connue. Quoique les caractères
indiqués dans la diagnose puissent paraître peu nombreux ou
même peu précis, et que d'autre part l'espèce ait été décrite
sous divers noms et parfois subdivisée, les quelques feuilles que
je lui rapporte sont très faciles à distinguer. Heer, notamment, a
étudié l'*A. decipiens*[1] dans le miocène supérieur de Suisse; il
pense qu'aucune ligne de démarcation bien tranchée ne le sépare
de l'*A. Monspessulanum* L., son représentant dans la nature actuelle; les lobes seraient seulement plus allongés et plus aigus
dans la forme fossile, du moins en général. Sur les empreintes
que j'ai recueillies, les lobes sont en effet très aigus, le médian
l'emporte un peu sur les latéraux, les sinus interlobaires peuvent
être aigus ou obtus, les lobes latéraux sont moins divergents
que sur la plupart des exemplaires figurés par les auteurs et provenant d'autres régions. La ressemblance est grande avec la
feuille figurée par Massalongo sous le nom d'*A. triænum* var.
furcifer, et qui n'est sans doute qu'une forme du *decipiens*[2].

3. ACER PYRENAICUM, nova sp.

(Pl. XII, fig. 2-6).

Diagnose. — A. foliis crassè petiolatis, basi cordato-emargi-
natis, trilobatis vel rariùs subquinquelobis, lobis subacutis, medio validiore, lateralibus sub angulo plerùmque acuto divergen-

---

[1] *Fl. tert. Helv.*, III.
[2] *Fl. foss. Senog.*, Tav. XX, fig. 2.

tibus, plùs minùs denticulatis vel crenulatis, nervis primariis se-
cundariisque validis.

Commun.

Un pétiole très épais, parfois dirigé obliquement et pouvant
atteindre plus de 2 centim. de long ; un limbe le plus souvent
trilobé, à lobes un peu massifs, triangulaires, aigus, mais non
acuminés, le lobe médian demeurant plus fort, les latéraux courts,
peu divergents ; une base faiblement échancrée, arrondie, à bord
entier, tandis que sur le reste du pourtour les bords se feston-
nent de petites dents ou crénelures ; des nervures primaires et
secondaires fortes, ces dernières atteignant en général le bord
sans se replier complètement en arcs et s'anastomoser : tels sont
les principaux caractères de feuilles nombreuses, bien conservées,
d'aspect assez ferme, dont quelques-unes, prises isolément,
pourraient faire songer un instant au genre *Ficus*, mais qui, sou-
mises à un examen attentif et placées en regard les unes des autres, me paraissent clairement indiquer un seul et même *Acer*, et
plus répandu et le plus caractéristique des érables de l'ancienne
Cerdagne [1].

Parmi les érables vivants qui peuvent offrir de l'analogie avec
cette espèce, je mentionnerai l'*A. hybridum* Bosc., de l'Amérique
du Nord, et surtout l'*A. sempervirens* Ait., originaire d'Orient.
Les feuilles du premier se rapprochent de mes empreintes par la
forme de la base, la légère dentelure de la moitié supérieure,
l'ordonnance générale de la nervation ; toutefois les dents sont
souvent plus espacées, les lobes latéraux plus aigus, les nervures
un peu moins saillantes ; le pétiole enfin diffère totalement, car
il est grêle et long. Chez l'*A. sempervirens*, les feuilles sont en
moyenne un peu plus amples et moins dentées, leur consistance

---

[1] Comme le montrent les figures 2-6, on passe par transitions graduelles, de
feuilles simplement trilobées, qui sont les plus nombreuses, à des feuilles présentant des ébauches de lobes basilaires accessoires ou même vraiment quinqué-
lobées ; mais ces variations s'enchaînent et les traits essentiels persistent. Tout
au plus pourrait-on considérer comme un peu aberrantes et indiquant des variétés
du type normal les feuilles reproduites par les fig. 5 et 6.

est subcharnue, le pétiole est assez fort, moins épais cependant que celui de mon *A. pyrenaicum.*

On a rapproché de l'*A. hybridum* l'*A. integrilobum* O. Web., et de l'*A. sempervirens* l'*A. creticum* L., *pliocenicum* [1]; bien qu'on puisse signaler quelques rapports entre l'*A. pyrenaicum* et ces formes fossiles de Suisse ou du centre de la France, je ne pense pas qu'il y ait lieu d'insister. L'*A. Otopteryx* Goepp. [2], érable miocène d'Islande, de Suisse et d'Allemagne, offre peut-être des affinités plus évidentes; j'ai recueilli quelques samares qui pourraient appartenir à ce type (Pl. XIV, fig. 6). Toutefois, une parenté plus intime a dû exister entre l'érable que j'étudie et l'*A. triangulilobum* Goepp., qui fait partie de plusieurs flores miocènes ou pliocènes [3], et dont MM. de Saporta et Marion repoussent l'identification avec l'*A. Otopteryx*, en ajoutant que, d'autre part, la forme obtuse des dentelures, la terminaison du sommet en pointe courte et la configuration des lobes empêchent toute confusion avec l'*A. trilobatum*. Cette dernière remarque s'applique aussi parfaitement à l'*A. pyrenaicum*. Parmi les feuilles que j'ai recueillies, celle que représente la fig. 4, entre autres, ressemble beaucoup à l'*A. triangulilobum*, de Vacquières ou d'autres localités ; mais la variabilité plus grande de l'arbre pyrénéen et l'épaisseur excessive de son pétiole m'engagent à le considérer comme distinct [4]. Il est fort possible que cette espèce et celles que je viens de citer soient toutes des formes alliées, dérivant d'un même prototype.

---

[1] Heer; *Fl. tert. Helv.*, III, t. CXVI, 2.— De Saporta; *Sur caract. propres à vég. pliocène*, 1873, et *Monde des Plantes*, etc., pag. 344.

[2] *Fl. foss. artica*, et autres ouvrages de Heer.

[3] Goeppert, *Fl. von Schossnitz*, t. XXIII.—Heer, *Fl. tert Helv.*, III, pag. 198, t. CLV. —De Saporta et Marion ; *Sur les plantes foss. de Vacquières*, dans *Bull. Soc .géol. de France*, 3ᵉ série, 2, pag. 272.

[4] Parmi les nombreuses samares d'érables trouvées à Bellver, aucúne ne m'a paru bien analogue à celle qu'on attribue à l'*A. triangulilobum* dans le gisement de Vacquières. Ce gisement, du reste, diffère grandement de ceux que j'ai explorés par les circonstances topographiques.

4. Acer magnini, nova sp.
(Pl. XIII, fig. 1-3).

Diagnose. —A. foliis trilobatis, basi valdè cordatis, lobo medio validiore plerùmque lobulato, apice acuto, lateralibus sub angulo acuto vel subrecto divergentibus, margine æqualiter denticulato, nervis secundariis sub angulo sat aperto emissis.

Assez commun.

Je prendrai pour type de cette espèce, voisine, mais cependant distincte de la précédente, la belle feuille reproduite par la fig. 1. Cette feuille est grande, trilobée, à base profondément échancrée. Le lobe médian, plus fort que les latéraux, s'amincit vers le tiers de sa hauteur, puis se termine en pointe assez effilée ; les lobes latéraux s'écartent sous un angle encore aigu, mais plus ouvert que dans l'*A. pyrenaicum*. La dentelure marginale débute presque dès la base et règne sur tout le pourtour du limbe, régulière, bien prononcée, élégante. Les trois nervures primaires donnent naissance à des nervures secondaires assez espacées, qui s'écartent sous un angle assez ouvert et gagnent le bord en s'incurvant un peu. Tout à fait à la base, au point où se séparent les nervures principales, naissent deux branches obliquement descendantes, que l'on pourrait considérer comme formant une paire supplémentaire de nervures primaires et indiquant une légère tendance à la séparation d'une seconde paire de lobes latéraux ; leur existence dans les feuilles que je rapporte à la présente espèce est très constante. Les nervures tertiaires, comme chez la plupart des érables d'ailleurs, dessinent un réseau capricieux, dans les mailles duquel courent de fines nervilles.

L'érable dont je viens d'indiquer les caractères foliaires les plus normaux devait être assez variable et se reliait peut-être par des races intermédiaires à l'*A. pyrenaicum* [1] ; on ne saurait

---

[1] Ainsi, la feuille que reproduit la fig. 7 de la Pl. XII, et pour laquelle je ne saurais établir une coupe spécifique, se trouve à égale distance des deux types ; elle rappelle eu outre l'*A. narbonense* Sap., qui vivait antérieurement à Armissan.

cependant l'identifier, ni avec ce dernier, ni avec les formes fossiles mentionnées dans l'article précédent. Parmi les érables vivants, l'*A striatum* Dur. et l'*A. canadense*, tous deux de l'Amérique du Nord, m'ont paru offrir avec lui une certaine analogie. Je le dédierai à un de mes amis, le Dr A. Magnin, auteur de divers travaux de botanique.

5. ACER SUBRECOGNITUM, nova sp.

(Pl. XIII, fig. 4).

Diagnose.—A. foliis quinquelobis, lobis mediis subæqualibus, dentato-lobulatis, duobus externis patentibus integris, acutis ; nervis primariis 5, secundariis modò ad dentes productis, modò arcuato-conjunctis.

Rare.

Je n'hésite pas à rapprocher quelques-unes de mes empreintes d'une feuille de Manosque, inscrite par M. de Saporta sous le nom d'*A. recognitum*, et que le même auteur a supposée plus tard être la souche commune des formes ou sous espèces vivant de nos jours en Andalousie et en Asie-Mineure, l'*A. opulifolium granatense* Boiss. et l'*A. tauricolum* Boiss. [1] Le caractère distinctif de toutes ces variations d'un même type paraît être l'absence de dentelure aux lobes externes. Les feuilles pyrénéennes sont plus amples que celles de Manosque, les proportions relatives de leurs lobes principaux sont les mêmes, les dents ou lobules ont une forme un peu plus aiguë. Les échancrures qui séparent le lobe médian de ses deux voisins sont profondes, et il en est de même dans l'*A. tauricolum*, chez lequel, d'autre part, les lobules du lobe médian sont moins nombreux et descendent moins bas.

Les spécimens représentés par les fig. 2 et 3 de la Pl. XIII se rattachent déjà plus franchement à celui que je viens de décrire.

[1] *Études sur Vég. du S-E. de la France*, III, 1, Pl. XIII, fig. 7; et *Études sur Vég. foss. de Meximieux (Ann. Mus. de Lyon*, I).

6. ACER sp.

(Pl. XIII, fig. 5.)

Diagnose. — A. foliis longè et gracilè petiolatis, quinquelobis, lobis inferioribus parvulis, cæteris magnis, lanceolatis, subæqualibus, margine sinuatis remotèque dentatis ; nervis primariis 5, secundariis modò ad dentes productis, modò arcuato-conjunctis.

Assez rare.

L'élégant érable dont la fig. 5 reproduit un des meilleurs spécimens se distingue par son pétiole long et grêle, ses cinq lobes bien accusés, leur forme lancéolée, leurs bords lobulés, sinuodentés. Les lobes inférieurs sont courts, les trois autres subégaux et séparés par des sinus profonds, très aigus ; leurs sommets ont dû former une pointe peu effilée. Le lobe médian porte de petits lobules latéraux, simplement ébauchés sur les deux lobes divergents. Le bord, gracieusement ondulé, présente çà et là quelques dents. Sur les deux côtés des cinq nervures primaires, naissent sous des angles assez ouverts les nervures de second ordre, espacées, inégales, parfois bifurquées, tantôt se rendant au sommet des lobules ou des dents, tantôt repliées le long du bord et anastomosées.

Malgré une certaine analogie d'aspect, sans doute fortuite et due au développement égal des lobes, cet érable me semble différer par la forme des contours et demeurer bien distinct de celui que j'ai figuré Pl. XI, en le rattachant à l'*A. trilobatum* Al. Br.[1] Il doit appartenir au groupe de l'*A. opulifolium* Vill., mais s'éloigne du type même de ce groupe par ses lobes moins obtus, plus longs, plus profondément séparés, et s'approche davantage de l'*A. Lobelii* Ten., de l'*A. pseudo-platanus* L., ou mieux encore de l'*A. platanoides* L., dont les dents demeurent toutefois plus rares et plus acuminées. Par ses nervures secondaires peu obli-

---

[1] En mettant en regard les quelques feuilles, moins bien conservées, qui accompagnent celles que figurent les Pl. XI (5) et XIII (5), on observe qu'elles forment deux séries distinctes ; l'analogie signalée ne se soutient pas.

ques et ne partant pas de très bas, il est plus voisin de l'*A. opulifolium* que de l'*A. pseudo-platanus* ; les nervilles semblent aussi moins régulières que chez ce dernier et assez peu saillantes. Parmi les fossiles, je citerai comme pouvant se rattacher à l'érable que je décris l'*A. subcampestre*, de Schossnitz[1], l'*A. pseudoplatanus* var. *paucidentata*, du Val d'Arno[2], et surtout l'*A. Santagathæ* Mass., de Sinigaglia, voisin lui-même de l'*A.pseudo-platanus*[3]. Il est fort possible que l'espèce pyrénéenne ait vécu à la même époque en Italie ; cependant, mes empreintes étant peu nombreuses et quelques doutes pouvant subsister, je m'abstiendrai pour le moment de préciser leur détermination spécifique.

7. ACER PSEUDOCRETICUM, Ett.
(Pl. XIV, fig. 1.)

Diagnose.— A. foliis parvulis, gracilè petiolatis, trilobatis, basi vix cordatâ integriusculâ, lobo medio lateralibus parùm expansis validiore, margine subtilè denticulatis, nervis secundariis sat obliquè è primariis ortis.

Rare.

Quelques petites feuilles trilobées, à lobes aigus, orientés et dentelés comme ceux de l'*A. pyrenaicum* normal, sont pourtant bien distinctes par la consistance du limbe, qui a dû être plus délicate, par les nervures secondaires plus obliques, et surtout par le pétiole grêle. Leur ressemblance avec un érable figuré par Massalongo sous le nom d'*A. pseudo-creticum* Ett.[4] me semble suffisante pour qu'on ne songe pas à les séparer de cette espèce, qui vivait vers la même époque en Italie et en Autriche.

8. ACER LÆTUM, C. A. Mey., PLIOCENICUM.
(Pl. XIV, fig. 2.)

Diagnose. — A. foliis constanter quinquelobis, lobis breviter

---

[1] *Foss. Fl. von Schossnitz*, t. 22.

[2] Gaudin; *Contr. à la flor. foss. italienne*, 2ᵉ mémoire.

[3] Massalongo ; *Syn. flor. senogall.*, Pl. XIII, 8 et XIV, 5.

[4] Massalongo ; *Syn. flor. senogall.*, Pl. XV-XVI, 9.

acuminatis, margine undulato integerrimis, lobo medio lateralibus quandoque latiore, inferis gracilioribus, nervis è primariis
ortis sub angulo plùs minùs aperto emissis, secùs marginem
areolatis.

Assez commun.

Parmi les nombreux érables de l'ancienne Cerdagne, il n'en
est aucun dont les vestiges soient plus aisés à reconnaître que
ceux de l'*A. lætum ;* nulle confusion possible entre lui et ses congénères. Cette espèce appartient à un type connu, qui a vécu, dès
l'aurore et pendant une partie au moins des temps pliocènes, à
Sinigaglia, en Toscane, à Meximieux, dans la Haute-Loire et le
Cantal ; très légèrement modifié, il se retrouve aujourd'hui dans
toute l'Asie, surtout l'Asie orientale (*A. lætum, A. cultratum* Wall.,
de l'Himalaya, *A. pictum* Thb., du Japon, auquel M. Nathorst
rapporte les feuilles fossiles du même pays, etc.). Les feuilles ont
toujours cinq lobes acuminés, les trois médians plus développés
que les deux extrèmes, et des bords lègèrement ondulés, tout à
fait entiers. Il y a cinq nervures primaires rayonnantes, portant
des nervures secondaires repliées en arcs le long des bords.

On a donné différents noms aux formes fossiles de ce groupe
si naturel : *A. integerrimum* Mass., *trachyticum* Kovats, *subpic-
tum* Sap. [1], enfin *lætum* C.-A. Mey, *pliocenicum* Sap. [2]. Ces termes
peuvent être regardés comme synonymes. Il existe bien entre les
spécimens provenant de localités diverses quelques nuances. En
Cerdagne, la feuille que je figure se rapproche plus de celles de
Sinigaglia que de celles de Meximieux, tandis que sur d'autres
empreintes le lobe médian est plus développé, les lobes inférieurs divergent moins ; mais ce sont là des variations trop minimes pour qu'on soit fondé à baser sur elles des distinctions
notables.

On voit que le groupe des érables se place au premier rang
dans l'ancienne flore de Cerdagne, où nul autre ne doit l'avoir

---

[1] *Sur caract. propres à vég. pliocène* (*Bull. Soc. Géol. Franç.*, 1873).
[2] *Études sur vég. foss. de Meximieux* (*Ann. Mus. de Lyon,* 1).

égalé par la multiplicité des formes spécifiques. Encore ai-je né-
gligé quelques feuilles isolées, mutilées, ou dont les caractères
offraient peu de précision[1].

Outre les feuilles, j'ai recueilli d'assez nombreuses samares,
dont les fig. 4-8 de la Pl. XIV donnent les spécimens les plus
tranchés. Leur réunion confirme l'existence de plusieurs espèces
d'érables, car il est facile de constater qu'elles appartiennent à
des types différents ; mais rapporter tel ou tel de ces fruits à telle
ou telle espèce déterminée par ses feuilles est chose parfois délicate. On peut dire cependant que la grande samare à nucule ovale,
aile étroite à la base, élargie vers le sommet (fig. 6), rappelle
celles de l'*A. Otopteryx*, bien que celles-ci soient moins amincies
vers la base de l'aile et parfois beaucoup plus grandes. Les samares dont la nucule reste ovale, l'aile présentant une longueur
modérée, des bords doucement incurvés, un sommet un peu
large et obtus (fig. 5), peuvent très bien se rapporter à l'*A. trilobatum*. D'autres, de même longueur, à base un peu plus amincie,
corps de l'aile plus dilaté que le sommet et bord externe presque
rectiligne, indiquent plutôt l'*A. lætum* (fig. 4). Il en est dont la
nucule est très arrondie, enveloppée par l'aile (fig. 7) ou déjetée
de côté (fig. 8), et dans ce dernier cas l'aile est courte, obtuse,
l'aspect général assez insolite.

Le g. *Acer* a joué un grand rôle dans la végétation tertiaire.
On répartit ses espèces fossiles en plusieurs groupes, auxquels
on assigne pour types autant d'espèces vivantes, aujourd'hui de-
meurées européennes ou réfugiées, soit dans l'Amérique du Nord,
soit en Asie. Parmi ces groupes, celui de l'*A. rubrum* L., devenu
américain, a dû être représenté en Cerdagne par une forme au

---

[1] Celle que représente la fig. 3 de la Pl. XIV mérite une mention. Elle doit
un aspect original à ses trois lobes principaux allongés, minces, les deux latéraux
demeurant peu écartés, aigus, pourvus de fortes dents sur leur bord inférieur ;
mais, d'après un spécimen unique, il serait téméraire de se prononcer sur la fixité
de ces caractères. Peut-être s'agit-il d'une forme grêle de l'*A. subrecognitum*,
ou d'une espèce alliée à l'*A. angustilobum* Heer, bien que celui-ci diffère par ses
lobes latéraux étalés, la forme de sa base et de ses petits lobes inférieurs.

moins de l'*A. trilobatum* miocène, mais il tendait à s'effacer devant des types plus modernes. Le groupe de l'*A. monspessulanum* L., dont le type habite encore le midi de la France, comprenait l'*A. decipiens*. Celui de l'*A. opulifolium* Vill. est le plus riche en formes passant graduellement de l'une à l'autre en raison des âges et des climats ; il se divise en un grand nombre de races ou sous-espèces et paraît avoir atteint son apogée vers la fin du pliocène ou même dans le cours du quaternaire, du moins en ce qui concerne son type principal. Ce groupe est représenté en Cerdagne par l'*A. subrecognitum*, par l'espèce figurée Pl. XIII, 5, et c'est à lui sans doute que l'on doit rattacher les formes dominantes, *A. pyrenaicum* et *A. Magnini*, mais d'un peu loin, et en constatant qu'elles offrent des traits mixtes les reliant aussi, par exemple, au groupe de l'*A. rubrum*. Enfin, l'*A. lætum* est lui-même le type d'une série d'érables actuellement exilés en Asie.

Les données fournies par les érables tendent à faire reporter l'horizon géologique de Bellver à une époque un peu plus ancienne que celle de Meximieux et du Cantal ; car si ces arbres se différenciaient déjà assez vivement, le type miocène de l'*A. trilobatum* n'était pourtant pas encore effacé et celui de l'*A. opulifolium* n'avait pas revêtu les aspects qu'il prend aux approches de l'époque actuelle. J'ai vainement cherché en Cerdagne des vestiges bien nets des principaux érables de Meximieux et des Cinérites ; au contraire, il y a plus d'un lien, à cet égard, entre ma flore et celle de Sinigaglia, comme en témoignent tout au moins les espèces que j'ai rapprochées des *A. Santagathæ* Mass. et *pseudocreticum* Ett. [1]. Quant à l'*A. lætum*, il se trouve partout, depuis l'époque de Sinigaglia, et subsiste encore en Orient presque sans altération ; il faut admettre que ce type présente beaucoup moins d'aptitude à la variation.

---

[1] L'*A. decipiens* existait à Sinigaglia, et si l'*A. trilobatum* y est très douteux, il vivait du moins à la même époque à Stradella, associé, comme en Cerdagne, au camphrier et, d'autre part, au hêtre et aux érables pliocènes.

HAMAMÉLIDÉES.

1. PARROTIA PRISTINA, Ett.

(Pl. XIV, fig. 9.)

Diagnose. — P. foliis ovatis vel cordato-ovatis, undulato-si-
nuatis obtusis, subtriplinerviis ; n. secundariis duobus infimis
oppositis obliquioribus, secùs marginem adscendentibus, reliquis
alternis, strictiusculis, brevioribus.

Rare.

Les feuilles, peu nombreuses, mais bien conservées, dont la
fig. 9 reproduit un bon spécimen, ont tous les caractères d'une
espèce tertiaire de Bilin, qui se rencontre aussi à Schossnitz et a
été décrite sous les noms les plus divers. On l'a tour à tour ran-
gée dans les g. *Fagus, Quercus, Styrax, Ficus*, pour y reconnaître enfin une hamamélidée, distinguée par son pétiole court
et un peu épais, son bord légèrement ondulé, ses nervures secondaires alternes, sauf celles de la première paire, qui sont plus
fortes, plus ascendantes et naissent tout à fait de la base du limbe
ou même un peu en dessous. La consistance a dû être assez ferme.
Cette espèce est voisine du *P. persica* C.-A. Mey., vivant dans
l'Asie occidentale, ainsi que d'une seconde forme fossile qui
existait aussi à Bellver.

2. PARROTIA GRACILIS, Heer.

(Pl. XIV, fig. 10.)

Diagnose.— P. foliis sat longè et gracilè petiolatis, ovatis vel
ovato-cordatis, margine versùs apicem undulatis, nervis secundariis oppositis, infimis duobus obliquioribus, secùs marginem
adscendentibus.

Rare.

Un pétiole long et grêle, l'aspect général plus délicat, le bord
sinué ondulé (ou même légèrement denté) seulement dans la moitié supérieure, des nervures toutes opposées, les inférieures dé-

meurant plus fortes et plus obliques : tels sont les traits distinctifs du *P. gracilis*, d'après Heer[1]. Je les trouve très fidèlement reproduits par quelques feuilles de Cerdagne.

ONAGRARIÉES.

1. Trapa ceretana, nova sp.
(Pl. XIV, fig. 11.)

Diagnose.— T. nucibus latis, è basi attenuatâ in spinam conicam mediam inque spinas laterales duas angustas, patentes, acutissimas productis, longitudinaliter densè striatis.

Assez commune, surtout à Sanavastre.

J'ai recueilli en Cerdagne un certain nombre d'empreintes de fruits de mâcres bien conservées parfois et accompagnées de fragments du tissu carbonisé; dans les mines de Sanavastre, quelques plaques argileuses en étaient remplies. Ces fruits ont une base atténuée, puis s'évasent de bas en haut et se terminent sur les côtés par deux épines très aiguës, étroites, écartées ou réfléchies; ils sont marqués de stries assez espacées, bien accusées, divergentes, et ont en moyenne 16^{mm} de hauteur pour une largeur de 15^{mm} dans leur partie centrale et de 30^{mm} au niveau des épines étalées.

Il n'a été trouvé jusqu'ici à l'état fossile qu'un très petit nombre de fruits de mâcres. Ils se rapportent, comme les miens, au groupe des mâcres asiatiques, caractérisées par la présence de deux cornes ou épines, et dont la *Tr. bispinosa* Roxb., de l'Inde et du Japon, peut être regardée comme le type. Dans les régions polaires vivait la *Tr. borealis* Heer[2], à Schossnitz la *Tr. silesiaca* Goepp.[3], et Heer attribue à cette dernière espèce quelques empreintes recueillies en Portugal[4]. Des deux figures que l'on a

---

[1] *Miocene baltische Flora*, t. X, 9. — A Sinigaglia, Massalongo décrit sous le nom de *Myrica Parlatorii* une espèce que Heer rapproche du *Parrotia gracilis*.

[2] Heer; *Die fossile Flora der Polariänder, Fl. alaskana.*

[3] Goeppert; *Fl. von Schossnitz.*

[4] Heer; *Contrib. à la fl. foss. de Portugal.*

données de la *Tr. silesiaca*, celle de Goeppert est très imparfaite et celle de Heer ne s'accorde pas d'une manière absolue avec la forme de mes fruits pyrénéens; je crois devoir distinguer ceux-ci sous un nom spécial, au lieu de les relier à une espèce assez mal. définie, qui vivait en des régions éloignées.

Sur deux ou trois empreintes, de taille relativement grande, je crois distinguer clairement 4 épines. J'inclinerais très volontiers à voir dans ce fait l'indice de l'existence d'une seconde espèce, qui serait l'ancêtre direct et différerait à peine du T. *natans* L., la châtaigne d'eau vulgaire des marais d'Europe; cependant il peut s'expliquer aussi par le dédoublement accidentel des loges de l'ovaire[1].

JUGLANDEES.

1. JUGLANS ACUMMINATA, Al. Br.

(Pl. XIV, fig. 12-13).

Diagnose. — J. foliolis elliptico oblongis, margine integerrimis, nervis secundariis secùs marginem curvatis, venulis transversim subflexuosis; amento cylindrico majusculo.

Très rare.

Deux folioles incomplètes, un peu inéquilatérales, présentent si bien l'aspect de celles des noyers, au point de vue de la forme et de la nervation, que je n'hésite pas à les attribuer au noyer tertiaire à bords entiers, *J. acuminata* Al. Br. La trouvaille, sur une autre plaque, d'un gros chaton cylindrique serré (fig. 12), fort semblable à ceux des noyers, peut contribuer à étayer cette manière de voir[2].

---

[1] J'ai trouvé, mêlées aux empreintes de fruits, des traces de feuilles linéaires ou orbiculaires, mais il n'est guère possible d'affirmer qu'elles se rapportent au g. *Trapa*. Goeppert figure, sous le nom de *Populus asmanniana*, une feuille qui ressemble beaucoup à celle du *T. natans*, et se rapporte sans doute à son *T. silesiaca* ; elle ne s'accorde pas avec les miennes.

[2] A coté des empreintes que je viens d'étudier, il en est, comme il arrive toujours en pareil cas, dont les caractères ambigus ou la conservation défectueuse ne permettent pas de tirer grand parti. Je mentionnerai des marques de champignons,

III.— CONCLUSIONS GÉNÉRALES.

La flore fossile de Cerdagne est la première qui permette d'entrevoir l'état de la végétation, dans la seconde moitié des temps tertiaires, au sein d'une région pyrénéenne. Grâce aux empreintes que je me suis efforcé de décrire et d'interpréter, on pénètre dans une forêt et dans des lagunes, au pied de hautes montagnes, sur les bords d'un ancien lac situé lui-même à plus de 1000 mètres. On est déjà sur le versant espagnol. Pour trouver dans la péninsule d'autres documents paléophytiques d'une époque voisine, il faudrait aller jusqu'en Portugal. En France, la seule flore éteinte qui se rattache à la région pyrénéenne est celle d'Armissan ; elle diffère très sensiblement de la mienne par l'âge et l'altitude.

Parmi les végétaux dont j'ai pu recueillir les empreintes, dominent les grands arbres forestiers. Ce groupe comprend un hêtre, un chêne aux variétés multiples, plusieurs érables, deux *Zelkova*, deux tilleuls, espèces qui, amies des stations un peu fraîches, devaient croître en abondance et former des bois touffus jusque sur les rives du lac ; puis un bouleau, certains érables, un sapin et deux autres arbres verts, un châtaignier peut-être, essences plus rares, destinées à s'éteindre sans postérité et déjà en déclin, ou reléguées à l'écart sur les sommets, les terrains schisto-granitiques. Le charme et le tremble établissent la transition de

---

sans doute du g. *Sphæria*, sur des feuilles de hêtres, d'érables, surtout de tilleuls (Pl. XI, fig. 1-2) ; des fragments de typhacées, cypéracées, roseaux, et d'une grande feuille palmée à 4 ou 5 nervures très-fortes (*Aralia ?*) ; une gousse de légumineuse. Enfin, en rapprochant de fragments épars quelques spécimens meilleurs recueillis en dernier lieu, je pense que la flore de Cerdagne a dû comprendre encore un *Myrica* voisin du *M. salicina* Ung., un *Cratægus* peut-être identique au *C. oxyacanthoides* Goepp., une ou deux célastrinées, un *Myriophyllum*, et à coup sûr un saule, allié sans doute au *Salix elongata* O. Web.. tel que le décrit Heer (*Fl. tert. Helv.*, II). L'adjonction de ces espèces à celles que j'ai décrites, et parmi lesquelles figurent les plus communes, ne saurait d'ailleurs modifier sensiblement le caractère général de la flore.

ce groupe à celui des arbres ou arbustes qui préfèrent le fond des vallées, les bords des ruisseaux, pénètrent moins dans les bois, et que représentent surtout l'aulne, le peuplier grisaille, un frêne et un saule moins caractérisés, mais non douteux. Le chêne vert et quelques espèces arbustives rares, le buis, le genévrier, ont dû se plaire sur des coteaux secs. Enfin, le *Potamogeton*, l'osmonde, la mâcre, des roseaux ou cypéracées peu déterminables, forment un groupe de plantes herbacées amies des lieux tourbeux ou des eaux stagnantes.

Bien que l'époque des dépôts d'Armissan soit déjà fort ancienne relativement à celle des argiles cerdanes, il est naturel de rechercher des liens entre les deux flores, à cause de leur proximité géographique ; or, le bouleau de Cerdagne, les deux laurinées, le *Bumelia*, une ou deux empreintes d'érables rappelant un peu l'*A. narbonense*, en indiquent en effet quelques-uns. On peut en signaler de plus nombreux ou de plus étroits entre ma flore fossile et celles de Koumi, de Manosque et de Marseille, de Montcharray (Ardèche), d'Œningen et des autres localités suisses si brillamment explorées par O. Heer; plusieurs des ces gisements appartiennent déjà au miocène supérieur. L'aulne de Cerdagne, une des espèces les plus communes, se rattache aux aulnes miocènes de Grèce et de Provence, et non à ses congénères pliocènes de l'Europe centrale ; le chêne vert et le plus répandu des deux tilleuls sont tout à fait analogues à des espèces de Montcharray.

Sur le seuil même du pliocène se place l'horizon désigné sous le nom de *couches à congéries*, horizon auquel on rapporte divers dépôts italiens, notamment ceux de Sinigaglia, situés dans les Marches, à peu près sous la même latitude que la Cerdagne, et extrêmement riches en débris végétaux. Les deux flores ont entre elles des affinités très notables, surtout par le hêtre, le *Quercus hispanica*, les *Zelkova*, le frêne, l'*Acer lætum* et quelques autres érables ; quant au tilleul, bien que la forme pyrénéenne paraisse assez distincte de celle d'Italie, l'apparition simultanée dans les deux péninsules d'un type venu du Nord assez tardivement, jusqu'alors nul ou rare en Europe, est un fait digne d'attention.

Je n'ai relevé dans la flore de Meximieux (Ain), plus récente et déjà franchement pliocène, que six espèces (sur trente-deux) qui soient identiques ou intimement alliées à des espèces cerdanes [1]. Cette flore avait des affinités canariennes, contenait beaucoup de laurinées et, dans l'ensemble, offre assez peu d'analogie avec celle de Cerdagne. J'en dirai autant de la petite flore de Vacquières (Gard), dont les conditions de gisement sont très différentes et malgré la parenté probable de son *Acer triangulilobum* avec le plus commun de mes anciens érables.

Les flores pliocènes françaises qui se rapprochent le plus de celle que j'étudie par les conditions topographiques de leur gisement sont celles de Ceyssac (Haute-Loire) et des cinérites du Cantal. La première a laissé ses empreintes sur des « marnes à tripoli » fort analogues d'aspect à mes argiles et déposées au fond d'une lagune, dans une vallée étroite encadrée de puissants massifs de montagnes ; l'altitude est d'environ 700 mèt. Sur 17 espèces, je n'en trouve que 2, l'*Acer lætum* et le *Populus canescens*, qui soient identiques à celles de Cerdagne ; deux autres, un sapin et un érable, ont à Bellver des représentants plus ou moins alliés ; l'espèce la plus répandue est un aulne qui se rattache à l'aulne indigène actuel et diffère de celui de Bellver. Dans le Cantal, les débris végétaux ont été moulés par des cendres volcaniques, à une altitude de 900 à 1000 mèt. Sur un total d'une trentaine d'espèces, un assez petit nombre se lient aux plantes pyrénéennes. Le hêtre, le *Zelkova crenata*, le tremble, le *Tilia expansa* et l'*Acer lætum* sont seuls identiques ou subidentiques ; l'aulne et le chêne se rapportent à des types différents, qui se sont maintenus dans nos pays. L'*Alnus occidentalis* et le *Quercus hispanica*, joints au chêne vert, au *Juniperus drupacea*, au *Per*-

---

[1] Ce sont les *Quercus præcursor, Populus alba pliocenica, Persea amplifolia, Buxus pliocenica, Tilia expansa, Acer lætum pliocenicum.* Ajoutons encore le hêtre, qui se trouve, sinon à Meximieux, du moins à Trévoux, dans des terrains de même niveau.

sea, au camphrier surtout, toutes plantes très étrangères à la flore des Cinérites, donnent à l'ancienne végétation cerdane un aspect bien distinct.

Il ressort de ce qui précède que la flore de Cerdagne a des caractères mixtes, complexes, dus sans doute à la présence du lac et à la grande élévation des montagnes. Les éléments qui la composaient proviennent de zones altitudinales différentes. Des végétaux qui sembleraient devoir s'exclure, le camphrier et quelques formes miocènes survivantes des autres groupes, le hêtre, le tilleul et le tremble d'autre part, ont pu vivre ainsi côte à côte, sans doute échelonnés à diverses hauteurs. Des liens multiples enchaînent cette riche association végétale aux flores miocènes de Suisse et de Provence, plus encore à celle de Sinigaglia et des localités synchroniques; enfin, mais moins que ne l'indiqueraient les analogies de situation, aux végétaux pliocènes du Cantal et de la Haute-Loire.

Voyons maintenant quels liens unissent la flore de Bellver à la végétation actuelle. Sur 40 espèces, 9 seulement sont représentées à notre époque par des formes à peu près identiques; encore ai-je compris dans ce nombre le hêtre, intermédiaire entre deux formes vivantes dont il s'éloigne peu, sans qu'on puisse cependant l'assimiler à l'une ou à l'autre. Parmi ces 9 espèces, le chêne vert, les deux peupliers et le buis sont demeurés européens; le genévrier, les deux *Zelkova*, l'*Acer lætum*, sont devenus asiatiques; le hêtre forme passage entre une espèce devenue américaine et celle qui vit dans nos forêts. Les autres plantes fossiles de Cerdagne se rattachent, de plus ou moins près, à des types dont la plupart ont émigré en Asie ou sont demeurés indigènes, tandis que quelques-uns se retrouvent en Amérique. On ne peut guère citer, comme ayant des affinités plutôt africaines, que le *Persea* et, à la rigueur, les chênes et le sapin.

La Cerdagne, de nos jours, est un pays des plus pauvres au point de vue de l'extension des forêts et de la variété des essences ligneuses. Le pin à crochet (*Pinus uncinata*) s'élève seul sur quelques hauteurs; des noisetiers, frônes, aulnes, trembles et peupliers noirs, quelques espèces de saules, se bornent à garnir d'un double rideau verdoyant les berges des cours d'eau. Comparée à la végétation arborescente actuelle, l'ancienne flore était infiniment plus variée, riche en espèces de première grandeur, à ample feuillage, tantôt souple et fin, tantôt ferme ; les types en voie d'évolution, destinés à produire des variétés nouvelles dont le sort ultérieur a pu varier, étaient sans doute assez nombreux (aulne, hêtre, chêne, etc.).

Lorsqu'un pays se dépouille à ce point de la végétation qui le couvrait, on peut en chercher les causes dans l'invasion d'espèces nouvelles, plus jeunes, mieux armées pour la bataille de la vie et capables de s'adapter aux conditions extérieures ; puis dans ces conditions elles-mêmes et les changements survenus au point de vue de la température, de l'humidité atmosphérique, de la configuration et de la nature du sol. La première de ces causes a dû jouer ici un rôle assez faible, car, à l'exception du pin et de l'aulne actuels, qui ont succédé à l'ancien aulne et au sapin dans leurs stations respectives probables, je ne vois pas que des espèces envahissantes soient venues s'établir sur le sol délaissé par tant d'exilées. Il est bon de remarquer cependant que le *Quercus robur* et le *Fagus sylvatica* vivent aux portes du pays.

Les modifications climatologiques semblent, dans notre cas, rendre mieux compte de l'appauvrissement de la flore ; on peut attribuer à la diminution de l'humidité une sérieuse part d'influence. En effet, ce sont les espèces amies de la fraîcheur et auxquelles une forte chaleur nuit ou n'est pas nécessaire, qui prédominaient jadis ; le hêtre surtout est caractéristique. Celles qui s'accommodent de la sécheresse sont peu nombreuses, et le groupe des plantes exigeant une moyenne thermique élevée est des plus réduits. Le camphrier est très authentique, mais grêle, chétif, fort rare, quoique, sans nul doute, il dût se tenir de préférence dans les parties basses et abritées, à proximité du lac ; le figuier, les laurinées ordinaires, le platane, n'ont laissé que de maigres traces ; le chêne vert n'était pas l'espèce dominante de son genre. L'ensemble de l'association dénote une température inférieure, peut-être même de beaucoup, à celle de Meximieux aux temps pliocènes, que M. de Saporta évalue à 17-18° centigr. pour la moyenne annuelle, 12° pour la moyenne hibernale et 10° pour la moyenne éventuelle inférieure du mois le plus froid.

Si un camphrier, un *Persea*, et sans doute un figuier, se rencontrent dans l'ancienne Cerdagne, la chose est facile à expliquer. Ces espèces sont des legs de végétations antérieures ; implantées de longue date dans la région, elles s'y survivaient avec peine, aux expositions favorables. On a vu que des formes alliées, leurs ancêtres probables, se trouvent à Manosque ou à Narbonne dans les terrains miocènes. L'aulne aussi descendait d'anciennes formes provençales ; mais aimant l'humidité, moins frileux d'ailleurs et plus apte à varier, par conséquent à s'adapter au milieu, il paraît avoir résisté davantage et était encore très prospère à l'époque du lac de Cerdagne. Quant à l'absence du *Platanus aceroides* et des genres *Liquidambar, Sassafras, Daphne, Nerium, Bambusa, Magnolia,* etc., qui faisaient le plus bel ornement des flores de Sinigaglia, de Stradella, de Meximieux, il convient de ne pas trop insister sur ce caractère simplement négatif, quoique assez frappant, de ma flore fossile. Si elle est contemporaine des flores italiennes précitées, rien d'étonnant que, beaucoup plus élevée, située près d'autres rivages et presque à la ligne de faîte d'une chaîne de montagnes des plus compactes, elle soit restée distincte par la non-admission de plusieurs genres, dont quelques-uns au moins aiment notoirement la chaleur[1].

Aujourd'hui, toute la région pyrénéenne située à l'est du massif de Carlitte possède un climat sec, méditerranéen. Il en était autrement jadis ; l'abondance du hêtre, des tilleuls et des érables dans l'ancienne Cerdagne, en est un sûr indice. L'existence d'un ou de plusieurs lacs contribue à expliquer cette humidité favorable aux forêts qui s'était établie dans le pays et que les forêts

---

[1] D'ailleurs, malgré le grand nombre de spécimens que j'ai examinés, rien ne prouve que d'autres espèces ne vivaient pas dans la même région, à quelque distance, ou que le hasard n'a pas soustrait leurs vestiges à mes recherches.

elles-mêmes entretenaient[1]. Si le climat s'est modifié depuis lors, par contre le relief et l'altitude du sol n'ont pas varié assez pour que la végétation en soit influencée ; au point de vue qui nous occupe, il y a lieu certainement de négliger les faibles oscillations révélées par les inclinaisons des argiles et qui ont dû, avec les phénomènes de sédimentation, mettre fin au régime lacustre.

Les couches à plantes fossiles de Cerdagne sont entourées d'une ceinture de roches anciennes et sans liens d'aucun genre avec les dépôts tertiaires du Roussillon ou de la Catalogne ; aussi est-ce sans précision et sans preuves qu'on les a rapportées jusqu'ici à la période pliocène. Or, leur flore a des affinités suffisantes avec celle de Sinigaglia pour qu'on lui assigne sensiblement le même âge, les dissemblances s'expliquant par les situations géographiques et altitudinales respectives. D'autre part, cette flore contient moins d'espèces actuellement vivantes que celle des Cinérites du Cantal et se relie par des liens un peu plus nombreux aux végétations miocènes que ne le font cette dernière et celle de Meximieux. Je pense donc qu'il convient de placer l'assise lacustre inférieure de Cerdagne, si l'on ajoute quelque foi aux documents paléophytiques, soit sur l'horizon du miocène le plus supérieur, soit, tout à fait à la base du pliocène, sur celui qu'on a désigné sous les noms de messinien, mio-pliocène, niveau des couches à congéries.

---

[1] Il y avait, selon toute apparence, d'autres nappes lacustres dans les vallées voisines, telles que le Capsir, l'Andorre, mais moins importantes.

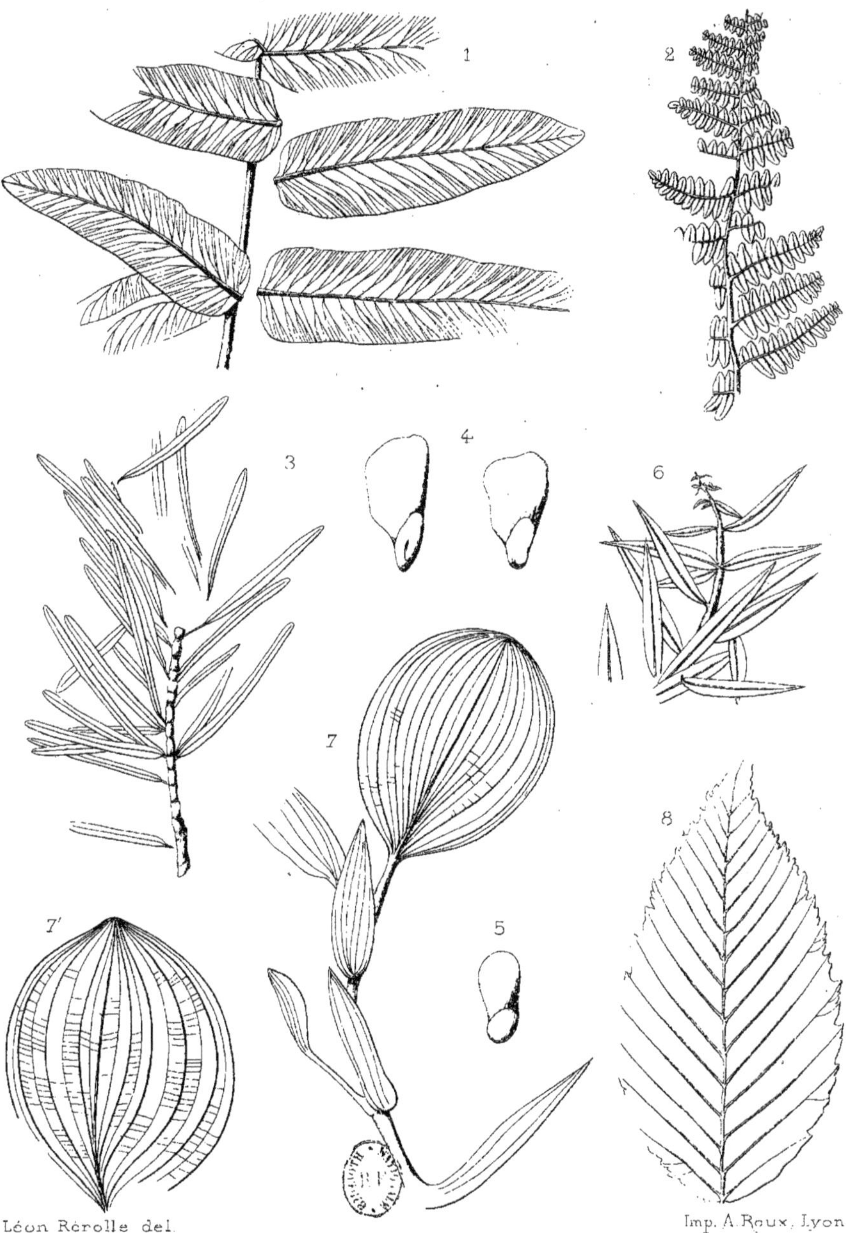

1. Osmunda Strozii, GAUD. — 2. Pteris radobojana, UNG.

3-4. Abies Saportana. — 5. Pinus sp. — 6. Juniperus drupacea, LAB.,

pliocenica. — 7. Potamogeton orbiculare. — 8. Carpinus grandis, UNG.

1-3. Betula speciosa. (3. fruit, grandeur naturelle et grossi.)
4-8. Alnus occidentalis. — 9-10. Carpinus grandis, Ung.

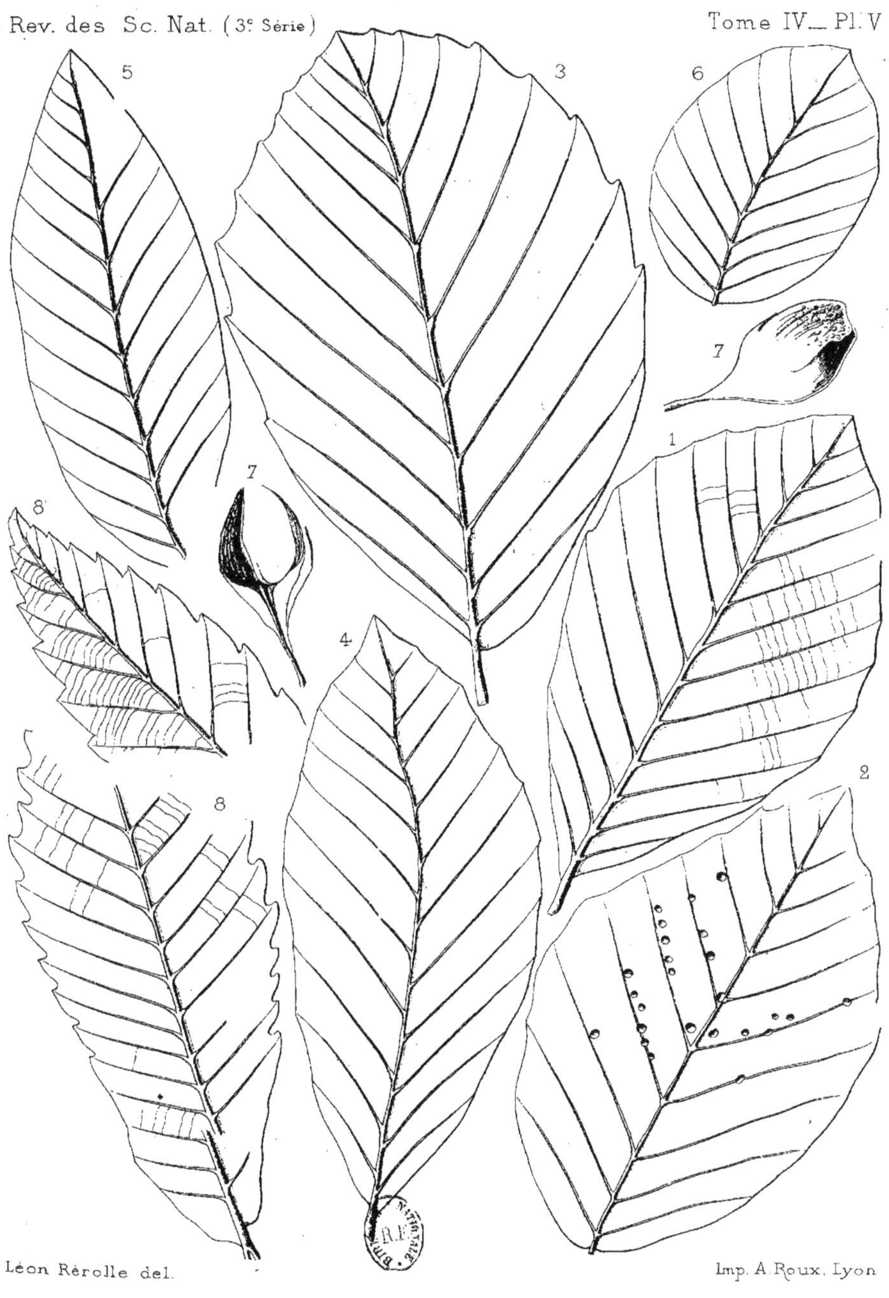

1-7. Fagus pliocenica, Sap., ceretana.
8. Castanea palœopumila, Andr.

Léon Rérolle del.   Imp. A. Roux, Lyon

I-II. Quercus hispanica.

1. Quercus præilex, SAP. — 4. Quercus denticulata. — 5. Quercus sp.
6-7. Quercus Weberi, HEER. — 8. Populus tremula, L., pliocenica.
9, Populus canescens, SM., pliocenica. — 10-11. Zelkova crenata, Sp.
12-14. Zelkova subkeaki.

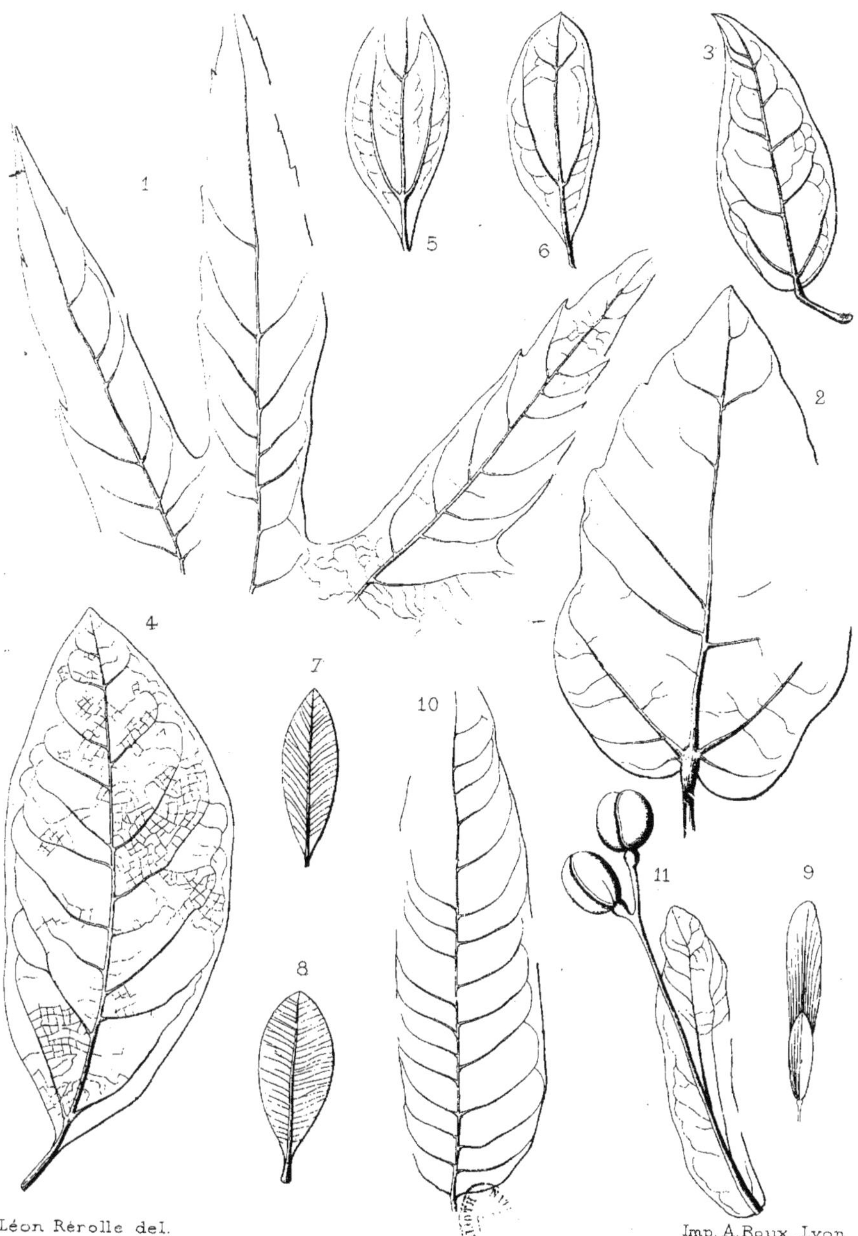

Léon Rérolle del.   Imp. A. Roux, Lyon

1. Platanus sp. — 2-3. Ficus sp. — 4. Persea sp.
5-6. Cinnamomum polymorphum, HEER. — 7-8 Buxus sempervirens, L.,
ceretana. — 9-10 Fraxinus sp. — 11. Tilia Vidalii.

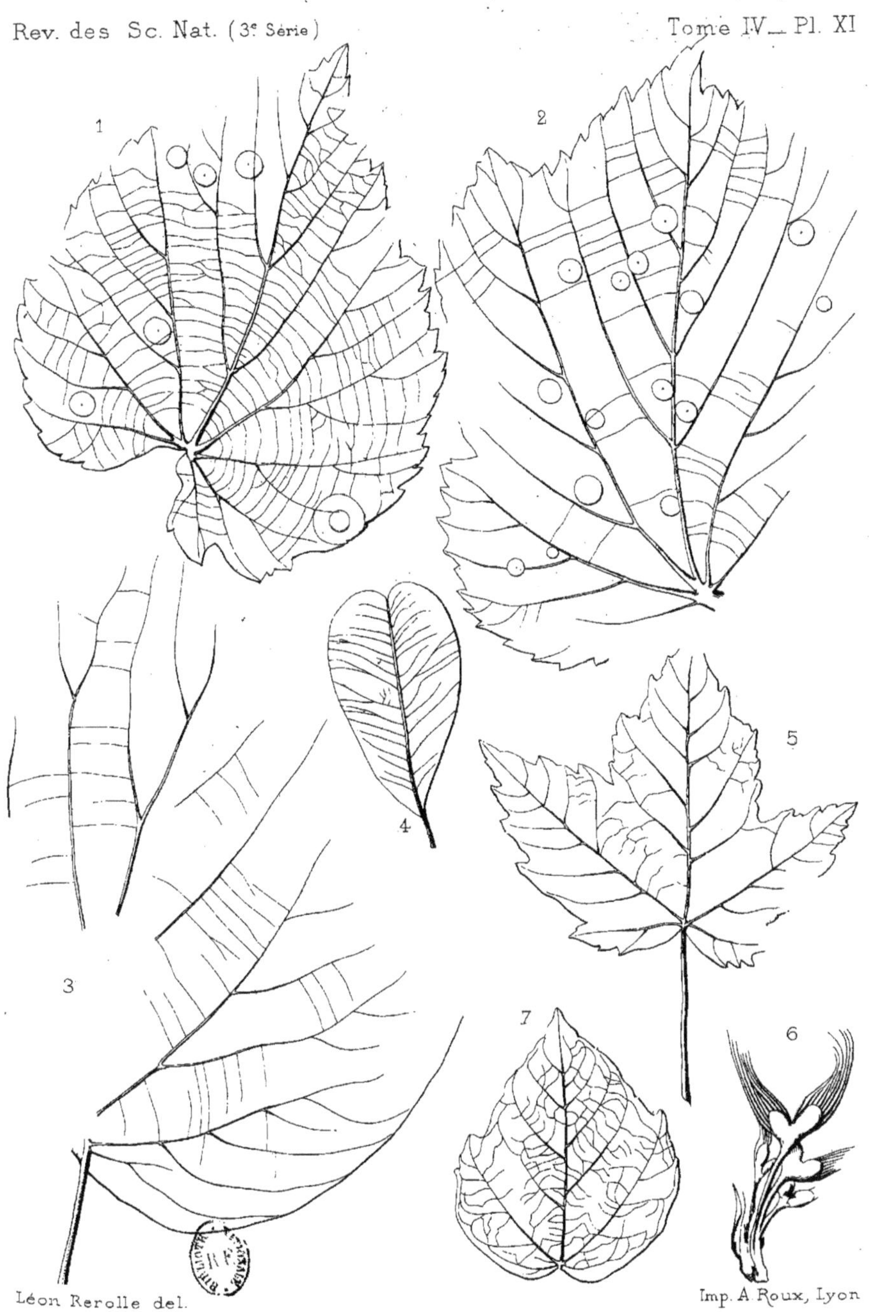

1-2. Tilia Vidalii. — 3. Tilia expansa, SAP.

4. Bumelia sp. — 5. Acer trilobatum, AL. BR. — 6. Acer sp.

7. Populus tremula, L., pliocenica.

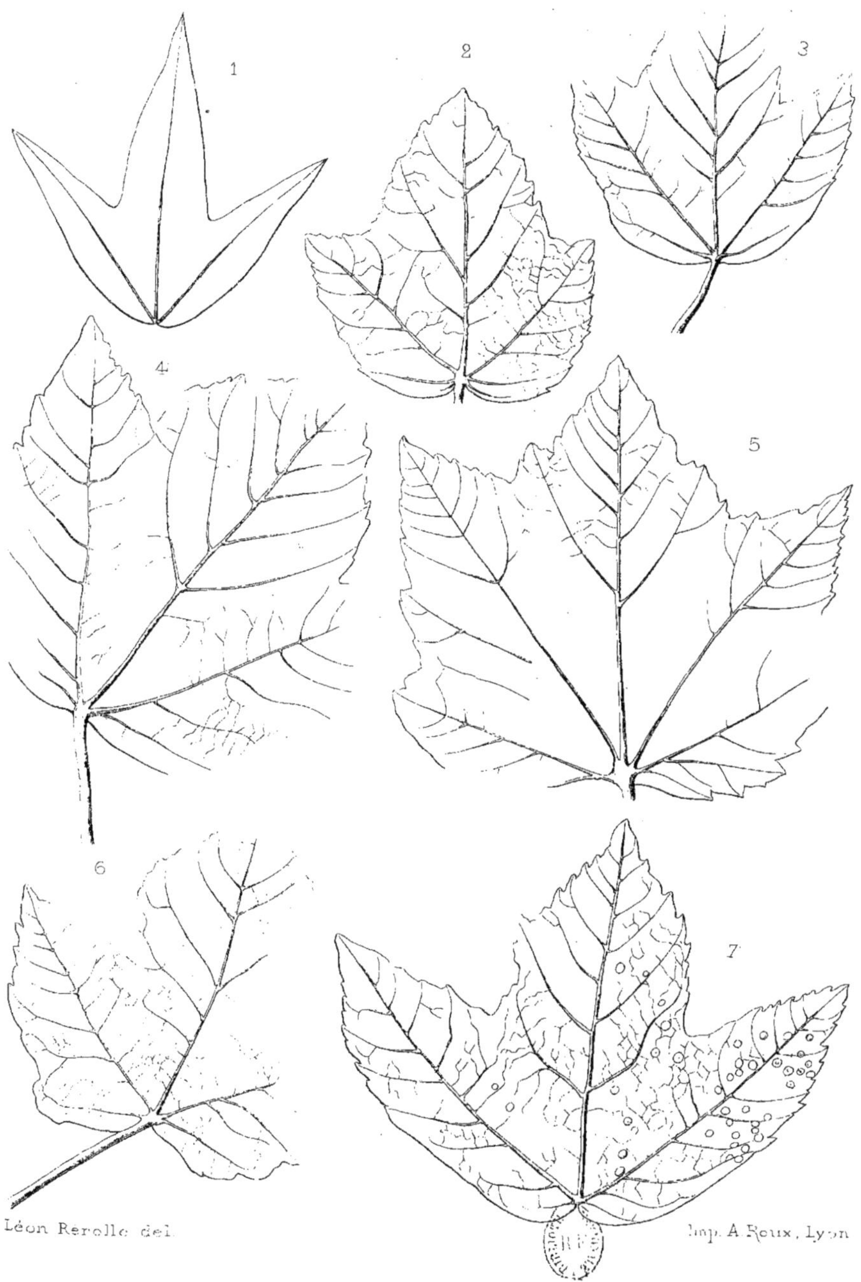

1. Acer decipiens, AL. BR. — 2-6. Acer pyrenaicum. — 7. Acer sp.

Léon Rérolle del.   Imp. A Roux, Lyon

1-3. Acer Magnini. — 4. Acer subrecognitum. — 5. Acer sp.

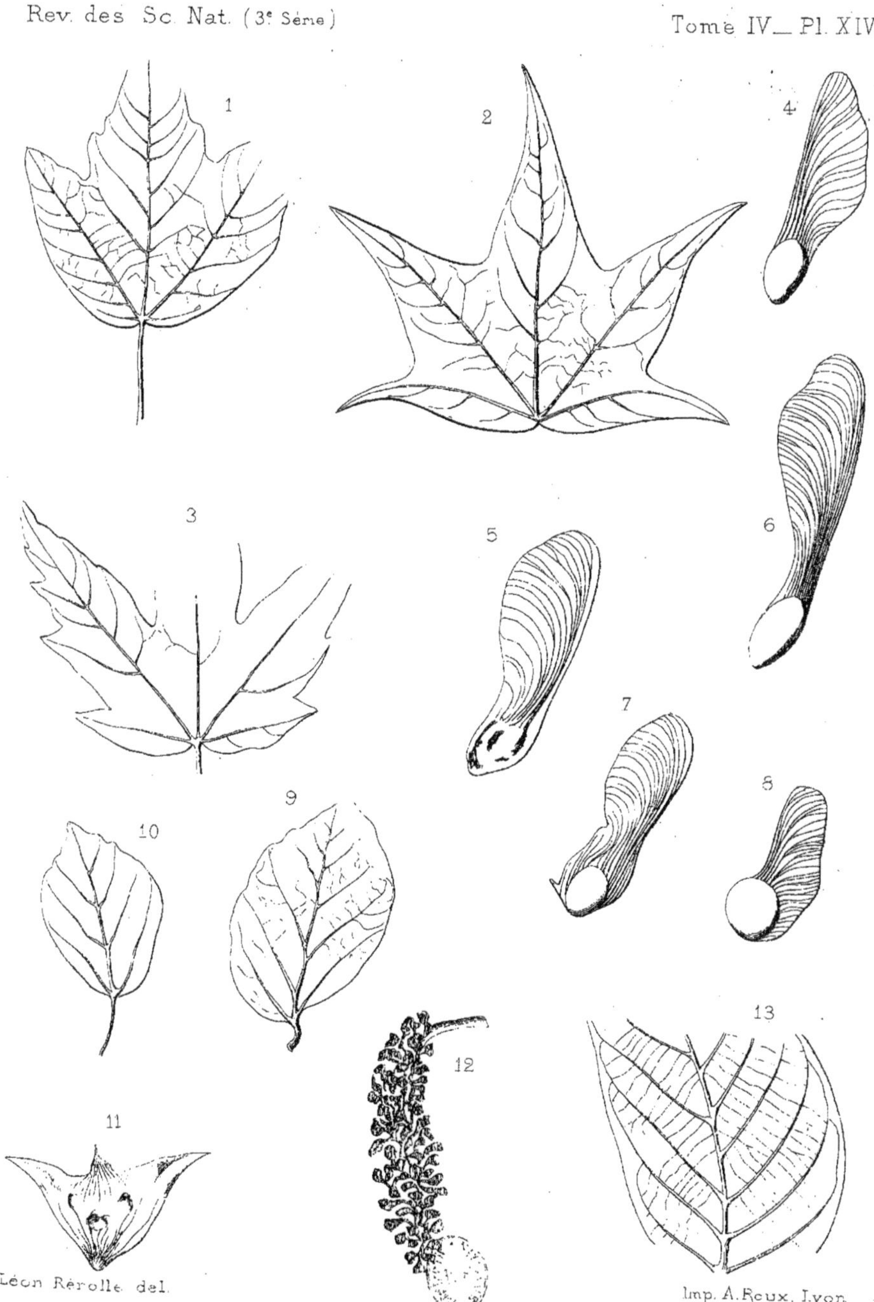

1. Acer pseudocreticum, Ett. — 2. Acer lætum, C. A. Mey., pliocenicum.
3. Acer sp. — 4-8. Acer (samares diverses). — 9. Parrotia pristina, Ett.
10. Parrotia gracilis, Heer. — 11. Trapa ceretana.
12-13. Juglans acuminata, Al. Br.